数据迷雾

洞察数据的价值与内涵

[美]杰森·辛克（Jason Schenker） 著
刘一凝 译

中国科学技术出版社
·北 京·

图书在版编目（CIP）数据

数据迷雾：洞察数据的价值与内涵 /（美）杰森·辛克著；刘一凝译. —北京：中国科学技术出版社，2022.6

书名原文：The Fog of Data: Navigating Data to Derive Implications, Unlock Value, Get Buy-In, and Increase Transparency

ISBN 978-7-5046-9459-1

Ⅰ. ①数… Ⅱ. ①杰… ②刘… Ⅲ. ①数据处理 Ⅳ. ① TP274

中国版本图书馆 CIP 数据核字（2022）第 033437 号

策划编辑	杜凡如　陆存月	**责任编辑**	申永刚
封面设计	马筱琨	**版式设计**	锋尚设计
责任校对	邓雪梅	**责任印制**	李晓霖

出　　版	中国科学技术出版社
发　　行	中国科学技术出版社有限公司发行部
地　　址	北京市海淀区中关村南大街 16 号
邮　　编	100081
发行电话	010-62173865
传　　真	010-62173081
网　　址	http://www.cspbooks.com.cn

开　　本	880mm × 1230mm　1/32
字　　数	71 千字
印　　张	5.5
版　　次	2022 年 6 月第 1 版
印　　次	2022 年 6 月第 1 次印刷
印　　刷	北京盛通印刷股份有限公司
书　　号	ISBN 978-7-5046-9459-1/TP · 435
定　　价	69.00 元

献给身陷数据深潭之人

战争，是充满着不确定性的领域；战争所依赖的，四分之三都是或多或少笼罩在迷雾之中不确定的事物。

因此，从一开始就需要敏锐的洞察力和精准的判断力来接近真相。

——摘自《战争论》（*The Theory on War*），卡尔·冯·克劳塞维茨（Carl von Clausewitz）

序

这是一本讲解数据的书，也是一本描述数据挑战与冲突的书。连书的标题《数据迷雾：洞察数据的价值与内涵》都在暗示种种挑战与冲突：此标题引自卡尔·冯·克劳塞维茨的著作《战争论》中对“战争迷雾”的论述。

尽管本书的目的是帮助读者在无数数据组成的无尽迷雾中看得更清楚，但并不是一本关于统计学的训练手册，也不讲授如何使用电脑软件进行统计分析或者预测分析。训练这些技能的书有很多，而本书旨在从概念层面建立一套框架，阐述您需要做什么样的分析、如何进行分析，以及未来数据将带给我们的且我们也逃不掉的种种挑战。

随着数据数量和使用频率的增长，操纵社交媒体、利用假新闻的事件屡见不鲜，带来了显著而深远的负面影响。同样，数据分析的竞赛、数据武器化的挑战也近在眼前。

我和数据打交道、分析数据、生产数据已有超过十五年之久。我在研究生院、投资银行、管理咨询，以及自己的远望经济公司（Prestige Economics）和未来主义学院（The Futurist Institute）的工作都与数据相关。我很荣幸能与诸位分享我在数据领域的所学所感。

而能够在未来主义体系内讨论数据问题，让我尤为激动。

本书主要基于我在经营远望经济公司和未来主义学院期间的数据处理经验，包括在预测金融市场、经济形势、公司数据和行业数据过程中的工作，客户涵盖《财富》500强企业、大型业内团体、政府部门和非政府组织。

本书的首要目的是介绍和分享数据处理、预

测、交流分析结果中的可行方法和应避免的误区；其次，帮助读者理解物联网时代数据产生速度加快，会带来哪些风险。为了有效地讲解这些问题，我毫无保留地分享了自己最成功的案例、经历过的挑战和在处理数据时需要避免的陷阱。

本书经过精心打磨，只为让复杂概念通俗易懂。为此，针对那些令人生畏的复杂话题，我将结合解释说明、趣闻轶事、图片、表格等方式，让读者轻松理解。

杰森·辛克

目录

04 数据分析的最佳准则

05 数据展示的最优策略

06 危险的数据

绪论

破解数据迷雾

处理数据、检测数据并非易事，这一事实即为本书创作的出发点。即使拥有了世界上的所有数据，我们依然需要遵循正确的流程、方法和沟通战略——且手头的数据必须准确，才能推演出高价值的结论。而数据越多，我们面临的陷阱可能就越深。

对待数据，不经过检验或分析，就不可能有清晰透彻的理解。正是这种困境激发我创作本书：我将带领读者走进容易令人迷失方向的数据领域，尽可能降低数据干扰，避免重新分析，节约时间。

并非所有数据都有意义，有些数据需要被筛除。但随着数据量的日益增长，筛选数据的难度也在提高。而且，有时尽管我们以为自己已经拥有了所有可能获得的数据，但只要去寻找，或者自己去创造，就还会有更好的数据。

在破解数据迷雾的过程中，有几个因素尤为重要，为此我将本书分为六大部分：

- 迷雾
- 数据通用的最优策略
- 数据收集的最优策略
- 数据分析的最佳准则
- 数据展示的最优策略
- 危险的数据

在第一部分“迷雾”中，我从整体出发讨论了一些宏观问题以及为什么数据难以看透。在第1章，我阐述了本书写作的起因和数据分析的重要性。在第2章，我阐述了新技术引起的数据增长以及数据存储和处理成本的削减。在第3章，我阐述了其他数据挑战的发展态势。

在第二部分“数据通用的最优策略”中，我阐述了处理数据最重要的几项准则。包括数据处理的一般准则以及第4章中谈及的遵循确定的数据处理流程的重要性。紧接着，在第5章，我阐述了如何发现自己的弱点并从中发掘活力，寻找数据分析的最优方式。在第6章，我将详解数据领域取得成功的三大法宝。总之，此部分将科学而有技巧地帮助您构建“未来如何进行项目分析”这一问题的框架。同时，我也提供了一些关于职业规划的小建议，帮助您用长远的眼光看待此问题。

在第三部分“数据收集的最优策略”中，我专门介绍了数据收集的最优策略。在第7章，我将讨论如何选择变量。第8章将讨论何时需要创造收集新数据而非使用已有数据。第9章是有关如何创造数据的一些建议。第10章则是关于“核查事实”以及“呈现事实”的重要性。扎实的尽职调查，亲自收集高价值信息，都是数据收集的重要组成部分。

在第四部分“数据分析的最佳准则”中，我介绍了数据分析的最佳准则。在第11章，我几乎可以断言，并非所有数据都有价值。这听起来令人震惊，但我保证这是事实。然后在第12章，我将讨论为什么忽略这些数据。在第13章，我强调了让自己的理论和见解获得认可的重要性。

在第五部分“数据展示的最优策略”中，我讨论了与收集和分析数据同样重要的内容：如何传达见解，展示成果。这是一个非常重要的主题，却常常被忽视。在第14章，我阐释了在数据成果展示中，为何“展示”比“解释”更有力。在第15章，我讨论了如何通过讲故事传达信息。同时，我也要在第16章提醒各位，讲故事不要过分标新立异。然后，在第17章，我想让您明白，特殊情况总是少数。在第18章，我讨论了对于任何预测者或分析师而言最困难的主题：如何面对错误。

在第六部分“危险的数据”中，我讨论了数据世界中的一些令人毛骨悚然的事，希望借此提醒您时刻保持警惕和怀疑的态度。在第19章，我将通过亲身经历向各位讲述数据遭到滥用的故事。

第20章是关于假新闻的现状，第21章是关于假新闻的潜在威胁，以及令人担忧的、滥用行为更加严重的未来。大多数人仍然不知道社交媒体的运转模式、网红营销的套路、什么是“社交付费”，以及为什么网络上信息如此廉价易得。

此部分内容主要借鉴了我在一些地方发表的演说。当然，我也常与企业集团讨论这类主题。得知当前新闻造假的严重程度，即使是最高级的高管和领导人也会感到震惊。

本部分的最后一章将探讨当前正在进行的数据、技术和信息竞赛。

从政治角度来看，目前国家间竞争最重要的是信息和技术的竞争。这类竞争赌注很高，而且还有攀升趋势。各国因各自利益，追求技术领域的主导地位，使全球陷入冲突分裂的局面。

本书的总结部分是所有知识的综合讲解。我将按主题把全部提到的内容进行梳理，并从公司、行业、专业领域、个人和全球视野角度提供一些可行性建议。作为本书结论部分，我还分享了一些有关数据前瞻性的未来派思想。

总之，通过阅读本书，您将能把握数据处理的重要因素，并了解其发展动态。这些内容将助您在面对数据问题时，采取更专业的处理方式，同时在个人生活中保持对数据的敏感和警惕。

本书内容切实可行，是可以立即实施的策略，以确保您和您的团队、您的公司拥抱技术，在竞争中保持领先地位。

这一切就从穿越数据迷雾开始。

01 迷雾

第1章

本书创作缘由

世界充满数据。作为经济学家，也是未来主义者，我每时每刻都在和数据打交道。

即使您现在还不需要处理数据，很快您也会遇到它。毕竟我们正在越来越快地大量创造数据。而无论是企业、政府还是个人，无论在人际交往还是商业关系中，在做决断时，都希望能得到更多信息。

帮助人们分析数据，应用数据，基于数据信息做出决定，正是我创作此书的目的。

时至今日，这几乎是所有人必备的能力。

在本书中，我将分享我的知识和实际经验，希望能帮助大家避免一些我曾经在数据分析中遇到过的问题，少走弯路，尽快成为自己领域的佼佼者。我专职于数据处理已经超过十五年了；在此之前的几年我作为研究生时，也专注于与数据处理相关的领域。

本书作为我近年思考见解的合集，是我曾与许多客户、商业团体、政府及非营利组织分享过的观点的集合。

事后看来，我本该早几年撰写本书，只是之前我一直忙于“未来主义研究所”的建设。实际上，本书讨论的许多话题都与“未来主义研究所”中关于数据未来的课程有关，这也是我们FLTA未来分析师（Futurist and Long-term Analyst）认证的训练项目。

本书如今才面世，正是由于我此前事务繁忙。现在我终于可以静心创作了。

这一切的起因是2018年下半年，我意识到，“未来主义研究所”已经做出了大量研究成果，是时候把这些新兴的、还在不断创新发展的技术所展现出的对未来的影响汇编成册了。这个想法激发了我创作的热情。从2018年9月开始，我的计划是连续12个月，每个月都能出版一本书，而这本书已经是其中的第七本了。

那么，由我来撰写这本书，有何优势呢？

经济学家的身份和金融市场分析预测的工作内容可能是我最大的优势。我有应用经济学研究生学位，而我和我的远望经济公司自2011年以来一直被彭博社评为40多个领域中最顶尖的金融预测公司之一，并多次荣登其中25个领域的榜首。

我为拥有如此众多的优秀预测结果感到非常自豪。

但多年以来，处理数据时我也犯过各式各样的错误。而最严重的那些错误往往是可以避免，或者至少是可以采取预防措施的。

曾有无数次，我在处理数据时无良好流程可遵循，或者有良好流程却未遵循。有时我获得的原始数据并不好，而我却不知道如何处理这类问题；最糟糕的情况是，我做出了满意的结果，却在向他人展示的过程中折戟。

这才是最糟糕的！您很好地完成了工作，结果却晦涩难懂。而这，我要说，完全是您自己的责任。如果您没争取到买入机会，或没拿到操作许可，或没人支持您的观点，您可怪不得资本方。解释数据是您的工作！

您才是应该把事情说清楚的人。

重要的是找到最有效的方法，尤其是在未来，当数据分析变得越来越普遍，要求越来越高，越来越关键的时候。

在本书中，我们还将讨论如何从您的公司、职业以及个人角度更好地挑选、收集、分析以及展示结果。通过学习数据分析您将发现许多潜在的价值。

不过不用担心，我们在这里不会讨论太多数学问题，也不会涉及统计软件的编程语言。

我希望，通过阅读我分享的一系列的案例和趣闻，您能避免重蹈我的覆辙，在数据分析的道路上走得更快更好。

这就是为什么我要写这本书：看清我的错误将为您节约不少时间，让您少些头痛。此外，书中还有一模块，专用于培养您对数据的质疑能力。

记住这一点。然后，潜入数据的迷雾吧！

第2章

科技进步中的数据变革

一位谷歌高管曾在2018年10月休斯敦举行的会议上发表讲话指出，2016年至2018年收集到的数据量已经大于此前人类历史上产生的所有数据之和[①]。

可以说，数据就是企业的生命。通过分析数据，企业能发掘客户、削减成本、制订计划、掌握主动权并寻求最优策略。

但是数据分析造成计算机瘫痪的风险同样存在，尤其当数据量与我们掌握的计算能力相比过于庞大冗杂时。

---

① 谷歌云（Google Cloud）石油天然气和能源部门副总裁Darryl Willis在2018年10月10日D2能源峰会：巨变（D2:Upheaval）发表的演讲。

如果单单靠增加处理器的数量而非提高处理器的质量来解决问题，随着数据量无限增长，分析数据的成本将成问题。换句话说，为了解决数据量增长而购买处理器的费用将呈指数增长，这并非耸人听闻。

摩尔定律的终结

数据趋于加速增长的原因之一，是数据处理和储存相关硬件设备成本的大幅削减。但这一趋势，尤其是关于数据处理成本的部分，可能已经无法延续。

这是因为，计算能力面临着一些隐性限制。许多技术工作者都会谈到这一近在眼前的风险因素，即摩尔定律的极限。摩尔定律（Moore's Law）以英特尔创始人戈登·摩尔的名字命名，认为一定周期内处理器计算能力将提高一倍，而成本减半[①]。

① 源自投资百科内容“摩尔定律”，2018年7月11日检索。

若这一理论正确，就意味着计算机的处理能力将愈加强大且更为廉价。图2-1展示了摩尔定律中计算机处理能力随时间的发展。

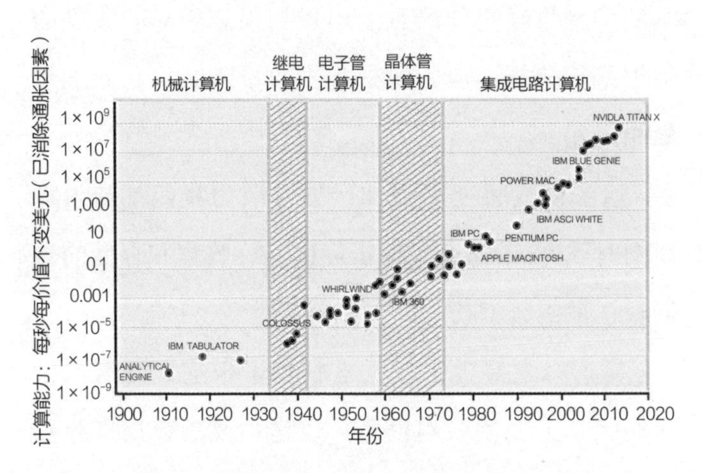

图2-1 摩尔定律中计算机处理能力随时间的发展

来源：雷·库兹韦尔（Ray Kurzwell），德丰杰基金（DFJ），罗德尼·布鲁克斯（Rodney Brooks）于远望经济有限责任公司。

但是摩尔定律正在失效[①]。随着计算能力提升，成本却不再降低。

实际上，目前唯一的应对数据增长的方案就是使用“更多处理器”。而随着数据的加速增长，成本的问题将会更加严重。毕竟如果您想对收集到的数据进行分析，所用的处理器数量就必须与数据规模相匹配。

这一挑战将变得更加严峻，因为我们正步入物联网时代（internet of things, IoT），收集和存储的数据量正呈指数增长。

目前，主要由手机、电脑和平板连入互联网。它们既是主要的联网设备，也是主要的数据来源和任务处理装置。

而在未来，传感器成本的下降以及提升消费者

---

① Gribbin, J. *Computing with Quantum Cats: From Colossus to Qubits.* Prometheus Books: New York. P. 92.

便利性的需求将引导我们进入物联网的时代：各种事物都将连接到互联网上。这可能包括您的汽车、冰箱、储物柜等在内的各种物件，而不仅仅是手机、个人电脑和平板电脑。

这些设备都能进行交互，执行命令并生成数据。当所有设备实现联网，其带来新的可挖掘、可分析的数据量将令人眼花缭乱。

对于未来物联网时代的数据规模，现有的数据收集分析将显得力不从心。

目前就处理能力而言，在量子计算等技术没有取得突破性进展的前提下，唯一可行的提升方式就是购买处理器，而无法制造出更便宜或更好的处理器。在技术圈中，这被称为“蛮力算法”（brute force）[①]。技术专家、科学家和未来主义者采用这一

① 源自恩威迪亚（NVIDIA，芯片厂方）副总裁兼机器自动化总经理Deepu Talla于2018年9月26日在机器人研讨会议（RoboBusiness）上的致辞。

说法，是因为购买更多的处理器并不具有创造性。

这是通过金钱而不是科学创新解决的问题，只是粗暴地拿出更多的处理器，而不是推动计算处理能力的进步。

不一样的数据挑战

物联网设备无疑将会提供更多的数据访问。在硬件革新方面，数据处理能力增强的处理器价格将变得昂贵还是便宜，取决于通用量子计算技术能否迅速实现商业化。

但是在数据分析领域情况有所不同。

只要您愿意，您可以随心所欲地在硬件上投入大量资金，但这并不是数据分析面临的最大挑战。面对疯狂增长的数据，金钱和处理器的增加不足以解决问题，它无助于确保分析结果的有效性，也无法解决数据分析实际面临的最大挑战。

第3章

数据挑战

尽管我在上一章中讨论了科技进步带来更多数据的可能性，以及处理能力的极限。但如我们在上一章末尾提到的，数据分析领域面临的最大挑战、问题和机遇在于人，在于像您这样的人。

以下是我职业生涯中遇到的最棘手的问题和数据挑战：

1．数据分析未遵循严格且一致的流程。

2．从一开始就没有正确收集数据。

3．由于错误的研究方向，无法进行统计分析和预测。

4．数据分析领域缺少有效讨论。

5．人们对于分析结果缺少必要的怀疑态度。

如您所见，挑战很多。好消息是只要积极应对，这些挑战都能解决。

在之后的章节中，我们将对这些问题进行更详细的讨论，并且我将为您提供积极的预防策略和解决方案。

但是在解决它们之前，让我们先来讨论一下数据分析的五个步骤。

每每提及数据挑战，大部分人通常会错误地认为其面临的最大挑战在于分析环节。确保收集到关键数据并对它进行分析是下一章的重点。但我敢说，最大的挑战往往并不在此。

使用原始数据的挑战性在哪

数据分析的最重要的两个挑战是：分析步骤不

严谨、不一致，以及缺乏有效沟通。在本书的下一章中，我阐述了遵从分析步骤的重要性，因此在这里就不赘述了。

但是，关于交流，再怎样形容这一问题的重要性都不为过。在不懂统计学的听众眼里，经济学家、分析师和统计学家经常会被当成一群书呆子，因为他们讨论的统计学内容，观众往往很难理解。在我的职业生涯中，我一直努力避免讨论各种统计分析和预测计算的细节内容，因为对我的项目最感兴趣的往往是管理层人员。

然而不幸的是，我目睹过太多这样的例子：数据分析人员、预测人员与管理层讨论统计学问题中的细节，而管理人员中大多数人可能已经有30年没有接触统计课程了。这类受众感兴趣的是高级框架——需要哪些输入内容以及结果的含义和价值，而不是想跟您讨论峰度和调整决定系数。跟他们讨论理论细节不仅效果甚微，而且会大大降低您获得他们投资的可能性。

与交流相关的另一个例子是，技术专家和未来主义者偏爱使用流行概念，这也是一个可怕的趋势。比如，常见的几个概念如人工智能（artificial intelligence）、机器学习（machine learning）、预测性分析（predictive analytics）和大数据（big data）。其实我们离实现真正的人工智能还有很长的路要走，这就意味着到目前为止，大多数运用机器学习和预测性分析技术的数据分析项目还不能产生有价值的、可行的、能带来利润的成果。本质上，这几个概念是同一个东西，而就在几年前他们还被笼统地称作统计学。

综上，讨论数据分析结果时，您能做的就是尽量一针见血，不要有多余的花样。我们将在第16章“切勿过分标新立异”中，继续讨论这个话题。

02 数据通用的最优策略

第4章

数据处理的最优策略

当分析数据时，我们最应牢记的便是必要、需求和有效。这也是我与客户分析股票市场以及在特殊项目中分享建模和预测结果时的经验。

而这所有一切，都始于有效的提问。

正确定义问题

在电影《银河系漫游指南》（*The Hitchhiker's Guide to the Galaxy*）中，主角们向无所不知的名为"深思"（Deep Thought）的超级计算机寻求"生命、宇宙和万物的答案"，这是个宽泛且深奥的问题。

不久，他们再次见到"深思"时，它却只给出了“42”这一答案。

很显然，主角们问的不算是个“好问题”。如果没有找准问题，您自然也不会得到想要的答案。

没有优秀的命题，世界上所有的数据和计算能力都将一文不值。问题的有效性固然重要，与此同时，确保数据的有效性以及遵循正确的数据处理流程同样必不可少。

遵循数据处理流程

遵循适当的数据处理流程比以往任何时候都更加关键，原因有二：

首先，要记住所有项目都有两面：人的一面和技术的一面——从技术和流程的角度正确进行分析非常重要。

其次，产生和收集数据的速度正在加快。之前提到，过去两年中创建的数据占到了人类历史上所有数据的90%。也就是说，现在是科学家、工程师和企业利用这些数据来发挥自己优势的绝佳机会。但是，只有遵循流程，才能真正体现数据的力量，产生真实、有价值、可实践的结论。

无效的数据和混乱的流程管理带来的无数次失败，印证了为什么正确地管理数据收集和分析过程越来越重要：只有这样所有工作才能顺利地进行下去。只有这样您才能获得有效的结果，用以支持——当然也可能会证伪——您的假设。

确保自己一以贯之地遵循一套可靠的数据处理流程是获得最佳分析结果的关键。做好充分的准备，再付诸行动，您将节省宝贵的时间和精力。

数据处理的最优策略

遵循正确的数据流程意味着您需要按照一系列步骤来获取所需的结果。不只是正确地提问，您还需要正确地收集数据并进行数据清洗。做到这些，才能真正开始对数据进行分析。在提出准确命题、收集合适数据、完整分析过后，还需要对结果进行检验和复测。

根据我过去十五年来一直分析不同的经济、金融、统计学数据的经验，我建议您使用包含以下流程的“七步数据分析法”，注意这里不包含展示和结果应用部分：

1. 构想出正确的提问。
2. 划定项目范围。
3. 收集数据。
4. 数据清洗。
5. 分析数据。
6. 检验结果。
7. 用新的数据或未来的数据进行复测。

接下来我们会按照这套框架进行梳理——一旦未来量子计算机普及，这套框架将如虎添翼。请注意，执行顺序与正确执行同样重要。如不按顺序执行，该流程将失去其原有价值。

构想出正确的问题

爱因斯坦曾经说过：“如果我有1小时来解决问题，我会花55分钟思考问题，再用5分钟思考解决方案”。若能使用量子计算机，两者比例将更加悬殊：您可能愿意花费其中的59分钟来提出问题，而只花1分钟得到答案。但是无论时间比例如何分配，这句话的寓意显而易见：明确目标是解决问题的第一步。一切从优秀的命题开始。

无论您需要多长时间来设计一个命题，可以肯定的是：在问题设置上花多少时间，就能从数据中挖掘出多少价值。在量子计算机时代更如此。

当然，有时提出问题其实是整个数据分析项目中最困难的部分！

无论是普通计算机还是量子计算机，无论是真正的量子计算机还是仿真计算机或光子计算机，在可见的未来可能都无法做到的，就是帮您找到有价值的研究命题。

所以，您需要自行准确设计问题。

显然，首先要确保问题足够具体，可以被回答。其次，要考虑到您所拥有或将要收集的数据能否用于解决该问题。

以我的经验，在寻找灵感的阶段，从多个角度考虑潜在的问题是有所帮助的。这也将帮助您对需要哪些数据来解决问题提出初步的构想。

例如，在制定长期油价预测策略时，您需要考虑的内容包括常规油和页岩油的未来供应，新兴市场财富增长带来的需求增长，电动汽车的使用带来潜在的原油需求减少，以及在金融市场未来石油产品金融化的影响，并预判这些对石油价格的影响。

划定项目范围

在敲定需要收集哪些数据之前，必须先划定项目的范围。

比如，如果您的项目或客户主要与美国或美国某些州有关，那您可能不需要深入研究国际数据。正如我在本章前文提到的做好充分的准备，就能事半功倍。

又如，尽管您在关注油价，但您不会想尝试一次性为每种原油、每种石油产品建立预测模型。也许未来量子计算机能做到这一点，但是目前，如果您想使用普通计算机在合理的时间内完成计算，就需要围绕您分析的内容对数据范围进行一些限制。

您要知道，尽管划定项目范围听上去很简单，但涉及与利益相关者（stakeholder）的合作时，又可能存在极大的挑战。

最大的挑战之一就是缺乏“明确性”。与利益相关者存在合作的情况并不罕见，有时他们会提一些不现实的要求，或者说他们其实并不理解自己想要什么。如果与您共事的是“结果导向型”的管理层，这种情况会更加常见。

遇到这类问题，谨慎处理这种由专业差异带来的风险就是您的责任了。关键是要时刻提醒自己：并非所有人都拥有数据处理、统计学或数据分析工具相关的专业知识；但是与此同时，他们是您的利益相关者，而且在其他领域他们的知识和经验同样可能令您相形见绌。

遇到这种情况，我的建议是保持细心和耐心，做个和气的人。我明白，我们明明是在讨论数据分析这一专业问题，却要提到性格和为人是有些奇怪。但是您一定要对您的利益相关者和蔼一点——尤其是那些对项目细节不太了解的人。

利益相关者之间的互动也会带来其他风险，比如证实偏差（confirmation bias）、锚定偏见（anchoring bias）以及在后续的项目过程中会成为隐患的其他偏见。

证实偏差，是指人们可能只寻求和相信那些与他们在项目之初，甚至项目开始之前就产生的看法相符的分析和结果。

而锚定偏见，是指您会发现您的利益相关者盯住某个特定的预期不肯放手，甚至执着于某项特定的增长率，如联邦基金利率或下次经济衰退的时间。您可能曾经向他们提过这些数字，或者您可能都不知道他们是从哪里了解到的这些数字。

还有些偏见是在合作过程中逐渐显现的，而我们的上策就是逐一解决这些问题。您会觉得自己在敲打一个没人听得见的鼓，但克服偏见的最好办法就是保证消息交流的一致性和可靠性。

收集数据

在确定了研究的问题并划定了需要分析的范围后，下一步便是实际收集数据。

您需要考虑数据的来源。如果您正在使用的数据是专门为回答该项目问题而收集的，且落在划定的范围内，那么相较于为其他目的收集的数据，您已经拥有巨大的优势了，因为那些数据需要通过调整来适配项目需求。

如果使用内部数据，要确认该数据是否可用。如果您用的是外部来源数据，就要考察数据的准确性以及该数据是否开放使用权。外部来源可能包括政府数据或金融市场数据等。

这时您可能觉得自己面对着名副其实的数据宝库，但您应当回头考虑一下收集这些数据是为了回答什么问题。如果现有数据其实并不能帮助解答您最初设定的问题，那么您就需要创造一些有利于解决您问题的数据。

应该意识到，在数据收集过程中可能会闪现出许多意想不到的问题。

比如政府数据往往收集和报告的过程相对缓慢，或者正如我最近遇到的那样，您可能遭遇政府停摆导致关键数据的延期发布。

不过，比起这些偶尔不靠谱的政府数据，更糟糕的是，可能根本没有任何与您要分析的内容相关的官方数据。在这种情况下，您可能需要自己创造数据。这个主题将在第8章和第9章进行更详细的讨论。

您还可能发现存在可疑的数据源，其中的数据内容、分组、标签前后矛盾。这是个大问题，这也提醒您应在合理程度上保持质疑态度，不可盲目信任某些数据。

同样，您可能会发现正在使用的数据集由无法进行比较的数据组成，这可能导致对比结果驴唇不对马嘴。您要非常注意这类数据问题。

毕竟，如果在数据集不匹配的情况下进行分析，产生的结果将可能是误导性的、严重错误的甚至完全没有价值的。

检查正在使用的数据是否适合用于此研究、是否可靠可信，是进行下一步——数据清洗的必要前提。

数据清洗

前文已经提到过，要确保使用准确且适合的数据来解决您的问题。但同时要注意确保计划使用的数据是“干净的”，或者说是具有一致性和准确性的内容。

未经处理的数据可能会影响您想进行的分析。这就是为什么数据清洗会是您在任何数据分析过程中都不可或缺的步骤。

干净的数据意味着数据需要保持一致性，使

用相同的度量单位，处于相同的时间段并且格式正确。

对输入数据执行尽职调查时，您需要考虑的内容包括：

1．货币单位是否正确。
2．度量单位是否正确。
3．行和列是否全部对齐。
4．面板数据中样本个体的属性标签是否统一。

如果存在不一致，则需要对数据进行调整，可以选择删除一些现有数据，或者筛选、创造一些新数据来满足分析所需的数据量。

数据清洗非常重要，只有这样，接下来执行分析步骤时才不会出现问题。同时，经过清洗的数据才能保证您得出更加有用的结论，而且即便之后发现数据有问题也无须从头开始重做。

如果不清洗数据——使其与所使用的技术工具兼容——就开始分析步骤，问题就严重了。

比如，数据列未对齐可能会导致统计软件包运行时出错，而这就将进一步导致公司决策、投资或策略失误。

尤其是在云计算盛行的当下，分析数据用的计算机有时价格高昂，其背后的代价也不止于此。您绝不希望因为输入没有清洗好的数据而浪费时间，浪费无论是实体的还是远程的计算机的处理能力。

那真浪费！

不知道您是否听说过“垃圾进，垃圾出”（garbage in，garbage out）这句话？如果输入的数据没有清理好，就会发生这类事故，得到的结果也是垃圾。

只有清洗干净数据，您才能进行下一步——实际分析数据。如果发现数据清洗出了问题，可能就需要从收集数据重新开始。毕竟，使用一团乱麻的数据是无法保障分析结果有意义的。这里提到的“不干净”也可写作“脏”数据。

分析数据

到了这一阶段，就是普通计算机或者量子计算机大显身手发挥作用的时候了。计算能力的提高和存储容量的提升促进了数据科学和数据分析领域的发展，而对该领域持续的投资正在进一步突破其瓶颈。尽管分析本身似乎变得越来越容易，但对于想成为行业顶尖精英的人来说，想跟上技术发展的步调反而变得更难了。

这也不奇怪，实际分析在整个数据分析领域都相对热门，是众人竞相研究的重点，同时这也是最有可能因量子计算机技术发展而取得突破性进展的领域。

然而，计算机（包括未来的量子计算）带来有价值的数据分析的潜力，在根本上仍然取决于所使用数据的适当性、精确性和“干净”程度，以及高度依赖可靠的数据流程管理。

坦率地说，分析数据目前是整个项目中最简单的部分之一。

不要以为数据清洗很容易！

而且，收集新的数据可能会很花时间，尤其是当您需要多个时间段的时间序列数据时，历史数据可能难以事后被收集或重建。

关于这点我的建议是，无论您要进行的是哪种分析，最好多回顾自己一开始设计的命题。有时数据会使您偏离轨道，因此应将注意力集中在既定的任务上。

同样，在项目的分析部分，与统计无关的问题也会带来不小的麻烦。有时，分析师会有其他需要优先考虑的事项，比如存在管理压力，要求在已知存在偏差的情况下进行分析。

或者诸如，因时间有限而导致分析有效性降低；

因分析师角色变化而导致模型效力降低等。更令人不安的还有利益冲突会带来道德风险，而且分析师也不见得都诚实可靠。

况且，即使清除了这些人为原因的数据分析风险，得到了结果，分析流程仍未完全结束。

您还需要检验结果——而且是反复检验。

检验结果

完成分析后，必须对结果进行检验。这也是七步分析法的重要组成部分，用以确定分析结果是否准确。做到这一步，首先要回顾并再次确认之前执行的其他步骤完成无误。

无论数据总量如何，分析流程都可以保持不变。但是检验的类型、频率以及复杂性会随着量子计算等技术的发展而变化。

但是步骤是一样的。

用新的或未来的数据进行复测

如果您认为经过了之前那么多工作，分析已经完成，模型可以像琥珀里的虫子那样封装并维持原状存放数百年甚至更久，那我确实还要告诉您一个坏消息。

您需要重新检验模型，以查看它是否适用于其他数据和未来数据。数据关系会随着时间而变化，当您获得新的数据时——或将来数据更新时——任何模型或分析都需要经过复测。尤其是动态数据，因为动态数据集会受到多方面因素复合影响而不断更新。

例如大规模电子商务供应链的实时优化或从自动驾驶汽车接收的信息。

复测和重塑分析内容、方法及其结果，这一过程也有望因量子计算技术发展而变得更高效。这是因为以现在的技术水平，含有更多有效信息的数据集可能无法被实时处理，甚至难以在有效期限内完成分析。

这又是量子计算机的一项潜在优势。

为保障结果的普遍性，复测必须频繁地进行。这也意味着最开始选择合适的数据来源以及数据的清洗环节尤为关键，尤其是像供应链、交通网、医疗服务这类庞大系统中需要瞬时迭代并会对真实世界产生实时影响的数据。

所以任何数据都需要严格按照七步分析法来执行。

其他事宜

综上所述，遵从适当的分析步骤是成功分析项目的关键。但这也不是唯一的影响因素，毕竟，您还需要分享和交流项目的成果。如若沟通不利，可靠的分析结果也变得毫无价值。我们将在第14章中详细讨论如何有效地分享并帮助利益相关者充分利用您的成果。

总结

在本章中，我们讨论了关于数据处理的惯例做法。要点如下：

- 有效的提问是发挥数据价值的前提。
- 合适的数据是得到解答的前提。
- 错误的数据会误导结果。
- 再优秀的命题和数据，在不完善的分析框架下也没有价值。
- 保持数据分析的有效性必须不断进行检验和复测。

还要强调一点，数据分析步骤必须按顺序进

行。使用未清洗的数据没有意义。另外，被划定在分析范围外且优先级较低的数据无须清洗。

如您所见，普通计算机和量子计算机的效能受到技术、物理以及人为因素多方面的限制。

尽管数据领域的许多人专注试图突破计算机处理能力的极限，但在很长的一段时间内，项目人员能否以有效的框架进行正确的分析将是限制计算速度的最关键因素。

第5章

从劣势中寻找优势

分享一个我自己进行数据分析时最重要的经验：将自己的优势发挥到极致。也许您手上有大量数据资源，能使用功能非常强大的软件，或带领着规模与实力兼具的团队。无论是哪种情况，您都应以发掘自己的亮点为目标。

但面对弱点也不能坐以待毙。

我经营着一家小型研究公司名叫远望经济，这个过程充满挑战。比如，我负责所有预测工作和研究报告的撰写。当然，并非所有的工作都由我一人做。我身边有一群十分优秀的人支持着我，只是实际的预测、分析和撰写环节还是由我亲自负责。这样的工作模式有一个缺点，就是所谓的“关键人风险”：这意味着成品质量的好坏主要取决于我。但十年内我从未错过每月报告的截止期限，而且我也从不容许这种情况发生。

这种工作模式还有其他两点不利之处。其一，我的独立公司不像大型投资银行、咨询公司或大型研究机构那样拥有发行的资格或发行平台。

另外，作为一家小公司，我们的客户数量较少。由于规模限制只能为这么多客户提供服务，这束缚了我们的服务能力。

我之所以暴露自家公司的缺点，是因为很多时候，在涉及数据、信息和分析领域时，短处也可变长处。

无论您遇到什么情况，关注自己缺点的另一面，这一点非常重要。

虽然我的公司存在“关键人风险”，缺乏大型平台，客户数量相对较少的情况，但这些问题也带来了一些优势。

“关键人风险”的另一面是，我们的研究可以迅速筹备和编撰，研究内容和分析报告质量稳定。因为我们规模很小，所以我们在成果交付和时间安排方面相对灵活。而且由于我们的客户数量很少，我们能够给予每一位客户更多的关注。他们可以直接联系到我，而这在大型研究机构或咨询公司中就很少见，他们的客户很少有与公司内实际领导人接触的机会。

在处理数据以及进行各种研究时，透过弱点发现优势是一种普遍现象。但同样的，优势也可能变成劣势。

不久之前，我在一个大型政府组织做报告，该组织具有我司所缺乏的所有特质：它是一个大型组织，预算非常充足，有很多利益相关者。这些足以成为他们的优势。

有趣的是，它的问题正来源于其规模。

毕竟，大型组织因为需要协调并整合来自不同个人和群体的数据和分析，所以整体分析速度会减慢。正因如此，某些分析可能永远格格不入，无法整编。另外，大型组织虽然有更高的预算，但会失去对部分预算的实际控制权。因此就算表面上拥有大量资源，实际分配也比较缓慢——更何况能不能分到还无法判断。

我给出这些实例，是为了让您更好地比较组织在处理数据和研究时的优劣势问题。也许您拥有大量数据资源，这会带来很大的优势。但您也因此要管理海量数据，要收集和清洗更多的数据，还需要在部门之间进行协调。这会拖慢整个流程。但如果您妥善解决了这些不利因素，就可以发挥自己的优势了。

如果您只有一个很小的数据集，也一样拥有自己的优势。因为这种数据往往比较干净，而且来源稳定可信，那么在收集和清洗数据方面就不会面临太大的阻碍。只是从逻辑上讲，您的数据集没有那么有说服力（鲁棒性）。此时解决这个问题就比较关键。

最后，分析师很少能同时兼备他们需要的所有数据、资金和基础设施。但这就是数据分析的真实现状。

有句关于战争的名言也适用于此：“你只能带着你已经有的军队参战，而没法在战争开始后决定想要多少军队。”

数据也是如此。您并不总是拥有所需的数据、资金支持或基础设备。但是您所拥有的就是您的一切。因此您必须在现有条件下发掘优势和利益。

对我而言，我的优势是保持敏锐，始终如一，并与客户保持紧密的联系。

之前我在像麦肯锡、美联银行（在它合并为富国银行之前）这样的大企业工作时，我拥有大量的资源，这些资源可以让我更多使用金融杠杆这项工具，但也因为存在循规蹈矩、管理控制的层层牵制，导致研究、公布信息和与客户沟通的过程比较缓慢。

古希腊有种说法：把人们的生活比作壁炉，炉膛上有两个花瓶。一个是象征生活的美好，另一个是象征邪恶。人们都只有两种选择：善恶并存，或只保留恶。但他们无法选择只拥有好的部分。

同样的道理也适用于数据分析。不存在完美的数据、全面的支持、完美的沟通。只有找出优点和缺点的平衡点，并充分利用您业务的闪光点，将优势最大化——以此来突破数据迷雾。

第6章 数据领域取得个人佳绩的三大法宝

之前我们讲到要遵循优秀的数据处理流程以及如何发挥自己的优势，除此之外，您还需要保持积极主动的态度，以确保在数据分析领域取得成绩。

成功的三个要素：

- 终生学习。
- 参与外界重要的专业活动。
- 坚持撰写书籍和文章。

终生学习

在数据和分析领域取得成功的最关键个人要素

就是终生学习。

首先您需要熟悉统计和分析的知识才能进行数据分析，而在提出正确的问题和确定要进行的分析范围时，还需要借鉴许多不同学科的知识和内容。毕竟，如果您想通过数据分析得出创造性的见解，那么能提供真知灼见的知识库存是必需的。

这也是我一直以来的追求。

因为我的工作是分析金融市场并定期发布报告，所以人们常常以为我在纽约。但事实并非如此。就像上一章谈到的，有些人可能会将不在纽约视为一种弱点，但我发现这是一种优势。因为，金融市场的数据分析师关注的许多数据，其他人也一样能得到。他们坐在曼哈顿中城的彭博社前等待新消息。然后他们与其他处于同一工作环境中、关注同一批数据、住在同一区域的人交流，而这实际上是在缩减他们的行动范围与交流信息的潜力，信息交互能推动经济金融的发展，其中的核心要素来自于信息流和数据流。

而我住在奥斯汀，我必须通过出差来拜访客户和进行研究。我必须走出去，到实地去了解屏幕之外的情况。我认为离开纽约能降低团体迷思的风险，只是对我个人来说多了些检验有关经济和市场理论的外出工作。

我将在第10章中进一步讨论这个概念。现在我们重点说明的是，学习不仅指阅读书籍，也指与人交谈、参加会议以及与决策者会面。

每年务必花一定的预算和时间来学习新事物，尤其要接触一些与您的工作和数据分析关联不大的知识。

通过学习新事物并定期将自己暴露于新思想中，您可以为超出预期的数据做好准备、开拓新思路以便更好地提出如何分析该数据、划定范围以及确定应收集哪些数据。

几乎不会有人需要您一直处理相同的数据、执行相同的操作以获得相同的结果。如果分析工作如此简单明了，则只需为其编写脚本自动化处理。

而大多分析工作都不会如此简单。

多数情况下，您需要处理新的问题，而数据也可能不会让人一眼洞察其内涵。此时您就需要提出非常规方法来解决问题。

尽管统计学家、计量经济学家、数据分析师和其他定量分析人员经常由于其专业而被视为非常死板之人，但事实上，数据分析是一个充满创意的工作。

新的挑战、新的目标和新的问题不断出现。这也是为什么持续学习如此重要，为什么要每年规划时间外出调研的原因。因为这将为您带来创新性的见解，这种见解是无法从死记硬背或重复劳动中取得的。

学习的方法之一是以接受传统教育取得学位的方式，或者以完成证书课程或在线课程的形式。我认为最好将正规和非正式的教育结合起来，因为学位和证书的目标指向性和期限限制会迫使您专门划出学习时间。而非正式的教育则为即时解决知识需求提供了可能。

无论选择哪种方式，学习新课程和掌握新技能都对您的工作大有裨益，并且有可能会带来经济上的回报。

参与外界重要的专业活动

第二种能有效促进个人成长并为您的职业发展做出重大贡献，最终增强数据分析能力的方式是与外部专业活动建立联系。这在某种程度上呼应了我关于终生学习的论述，只是将其置于实际活动的框架中。

而且您不必局限于公司或行业内。

多年来，我参与了许多专业组织。我想说的是，公司、行业和贸易协会的会议为您提供了与您所面临相似挑战的专业人士进行互动的机会。但是跨行业的功能性会议可能会带来更有意义、更富创新的见解。

例如，如果您是零售公司的数据科学家或计量经济学家，您可能会从并非属于您所在公司或行业但与您的数据分析工作有很多直接关联的活动中获得更多收益。也就是说，比起参加零售行业的集会或会议，与不同领域的数据科学家和经济学家——作为同业人员——进行互动更有意义。

每年，我都会参加与经济学家以及其他首席执行官见面的活动。由此我能够从非对立的视角看待在其他情况下发生的挑战和变革并从中获取经验，从而成为更好的分析员以及更好的领导者。

坚持撰写书籍和文章

我们要讨论使自己成为一名成功分析师的最后

一个要素，是分享您的见解。最好的学习方法之一就是教别人，而写书和写文章，是创造向人传授技巧的机会和好方法。

同时，这也是向他人学习的好方法——它提供了跟其他分析师进行互动的机会，无论在线下还是线上、同行还是其他行业。

分享您所学到的知识既能帮助他人，也对您自己有利。

综上，终生学习，参与外界重要的专业活动以及撰写书籍和文章这三种策略都是提高数据处理应用能力的重要组成部分。它们是提升能力、磨炼技巧的好方法。

03 数据收集的最优策略

第7章

选择变量

数据分析中，变量的选择是整个流程的关键部分。以我的经验，这是分析过程中困难的部分之一。

当然，您应做到遵循分析流程，也要寻求发挥自身优势和提升业务水平的机会。而选择变量是这两者的交界点。

选择变量是当您准备执行分析流程时，为实现创新性思路创造的必要且充分的条件，或至少提供了方向正确的思路。

在我的经验中，选择变量时至少有四项要优先考虑：

- 输入值有意义。

- 领先指标。
- 方向一致性。
- 模型拟合程度。

输入值有意义

数据分析的首要条件是数值必须有意义。

在讨论这一点时，我常借用奥卡姆剃刀原理（Occam's Razor）[①]。该原理认为在对事实的解释中，最简单的答案通常是最正确的答案。

尽管支持演绎法逻辑的人可能对此说法不屑一顾，但是放在数据分析中自有它的道理。

归根结底，您通过检验确定具有统计学显著性的某个数据属性——它有很大可能也是具有真实预

① 又叫“简约法则”，由14世纪英格兰的逻辑学家、圣方济各会的修士——奥卡姆的威廉提出。——编者注

测性的——应当在某个程度上对任何与您讨论模型和数据的人有意义。

并不是说要让您母亲理解您的逻辑，虽然根据我的经验这其实是一个非常好的指标。

无论如何，这确实意味着应该让您所在组织中其他部门不了解统计学知识的人能够理解您所构建的模型背后的逻辑。

简单来说，您的模型和分析应该让外部观察者便于理解。

让我举几个例子来说明。

首先，让我们谈谈商品价格。

在商品价格的预测模型中，一定会考虑的要素之一 ——实际上就是最重要的因素——通常是中国的制造业活动。

在我使用多年的统计模型中，比如铝这类大宗商品的模型是必备的输入项。

为什么这么说呢？

因为中国是铝的主要消费国。而事实证明，大宗商品需求比供应对价格增长更加敏感，也就是说，在发生需求冲击时供给比需求变动更慢——无论是上行还是下行时。

原因在于，开设新的铝生产线非常昂贵，且关闭它的代价也很大，不仅关闭时会耗费大量财务资源，将来重开时还得再花钱。

所以，即使需求正在下降，供应也可能持续高涨，而这将进一步增加价格的下行风险。相反，即使需求大涨，供应也有可能减少，因为开设新工厂的投入规模需要通过预测模型来决定，而预测结果可能会指向较小的投入规模。

因为中国是铝消费大国，而需求对价格的影响大于供给。根据这一逻辑，中国的制造业数据对铝价有较大影响。这样就说得通了。

当然，不是所有数据分析都这么简明易懂。但您也能做到像上例中那样从简单的逻辑关系出发。

比如要做关于对某个设施的需求预测，就应考虑逻辑上能引发高需求的变量。可以从季节性因素考虑，如在线假日购物，到更广泛的需求驱动因素，如强劲的GDP、较低的失业率、美元的低汇率（针对美国公司）、股票市场因素或低利率……这些都有可能。

领先指标

您已经选好了有意义的变量，接下来就要通过尝试来确定其中的领先指标。

举个例子，假设您要预测美国零售业销售岗就业情况的每月变化。经过分析，您发现美国每月销售岗位数量与当月零售额存在相关性。那么，通过3月销售额较高，可推知3月的零售工作机会也会增加。但是这一分析存在一个致命的问题：3月零售报告比3月就业报告发布时间更晚。

在这个例子中，您发现了一个相关性，但零售额不能作为领先指标——它不能提供对未来的预测。它其实是一个滞后指标。这时就需要您从头再来了。

简而言之，预测用的数据应比需要预测的数据更早取得。

如果您回顾自己的模型，发现零售业职位数据实际上比零售额数据落后一个月，就可以用零售额进行预测。同样，销售额的移动平均数或移动总数也可以预测零售职位数据。或者，有些与零售业数据完全不同的东西，例如消费者信心，也具有相关性。

总的来说，无论您在模型中使用什么作为输入值，它们都必须有意义，同时，必须领先于您要预测的指标。

实际上，在预测经济数据、金融市场或公司数据的变动趋势时，可能需要不止一个变量。

方向一致性

如果您尝试分析数据的动态性，则可能经常会发现自己需要关注多种因素。通常，我们使用多元回归分析模型进行混合因素分析，也就是模型中含有多个变量。相对应地，仅使用一个变量的分析称为单变量分析。

存在多个元素时，必须关注它们的“方向”是否正确。既包括单个变量的符号，也包括多个变量作为整体的影响方向。变量和多元回归结果应符合逻辑。

例如，要预测您公司生产的出口欧洲的汽车配件需求，应将欧元升值的影响纳入考量。欧元走强意味着，您以美元计价的商品对使用欧元的人来说，比欧元贬值时便宜。换句话说，欧元升值后，用同样数量的欧元可以购买更多汽车配件。鉴于此，单独考虑这两个变量，则汽车零件销售额与欧元汇率正相关。

假设您又发现另一个影响欧洲需求的重要因素，比如较低的进口关税税率。关税税率将是一个与欧洲需求负相关的变量。也就是说，进口关税越低，进口商品的需求就越高。

关税和汇率通常是不相关的。因此，对出口欧洲的零件销售量进行的多元回归分析，可以以销售额为因变量、欧元汇率和关税税率为自变量建立方程进行回归。假设模型如下：

销售额=f（欧元，关税税率）

根据之前的单变量分析，欧洲销售额与欧元汇率呈正相关，同时，与关税率呈负相关。

当模型中不存在自变量之间相关时，通常认为每个变量的影响方向与单变量分析时保持不变。换句话说，无论在单变量还是多变量模型中，欧元的强势都应该对出口产生积极影响。同理，关税水平在两种模型中都应对出口产生负面影响。

假如对这两个不相关因素进行多元分析最终表明，强势欧元对销售不利，高关税对销售有利，则认为该模型存在问题。您可能需要合理解释结果违反直觉的原因，或者，更可能的情况是，考虑添加其他变量或废弃该模型。无论是单独使用还是与其他变量组合使用，模型中变量的符号必须有经济含义。

我在这里多次使用一个关键词——相关性。统计分析中存在多重共线性的问题。对于研究数据建模的人来说，这是一个更深入、更高级的主题。但我们研究这个主题本质上是因为数据往往是相关的，数据存在相关性会使建模变得棘手，所以需要解决和控制它。

模型拟合程度

现在已经确保数据满足其他三个先决条件，您的最终目标是使数据良好拟合入模型。

对于有些分析师而言，这意味着模型符合特定的误差边际（margin of error）。对于那些偏爱统计学的人，这意味着达到一定的校正决定系数（adjusted R-squared）、T检验值或均方根误差（root mean-squared error）。

无论人们如何衡量模型拟合优劣，本质上所有分析人员都是在寻找一种能提供良好预测的模型。

确保模型具有良好拟合潜力的最重要因素是强大的（鲁棒的）数据集。

您拥有的数据越多，就越有可能在复杂的情况下具有更高的预测性。在某些情况下，您可能会给使用的模型定下过多的参数，这就会造成所谓的模型过拟合（overfitting）。这意味着模型可以很好地描述已有数据，但对预测未来并不是很有用。

其实很容易理解，对吧？

如果您的数据资源比较有限，从历史数据中无法取得某些信息或经验，这会降低模型预测的有效性。

当然，要想数据分析取得优良的结果，您需要遵循分析流程。还有一些优先项需要重点考虑——选取有意义的输入值和领先指标，确保变量符号符合经济意义。可能还需要通过不断尝试不同的组合，找到符合要求的多变量组合。

但是，如果您没有足够的数据能提升模型适配水平，您可能就需要自己收集原始数据了。

接下来的两章中将讨论这个问题。

拓展阅读

希望大家不要介意我在本章中讨论了这么多统计分析的内容。您也不必认为，书中提到的所有内容都需要进一步了解和掌握。事实上，为了进一步提升模型的预测能力以及从中取得有价值的信息，我特意去进修了相关的硕士课程并取得了学位，但仍然有很多需要学习。

我强烈推荐两本书。一本是关于预测和统计建模的，A.H.施图德蒙德编著的《应用计量经济学》（*Using Econometrics A Practical Guide*），其中包含了许多重要概念和知识。本书着重研究建模预测问题，包括多重共线性、自相关、异方差和其他基础课题。

另一本是偏向于实际应用的，由艾伦·C. 阿考克（Alan C. Acock）编著的《Stata：简单入门》（*A Gentle Introduction to Stata*，*Alan C.Acock*）。

Stata是一个可用于分析和预测的统计软件，该软件被美联储、各大上市公司，以及像我自己这样的预测公司广泛使用。我选择这本书作为实例参考。它的内容如标题描述一样轻松，帮助您简单学习Stata。我推荐将这些书作为一个优秀的起点。

第8章

何时考虑创造数据

大部分时候我们不一定能拿到想要的数据直接进行分析，这时您只能依靠已有的东西。但有时候您拥有比想象中更多的力量。数据实际上是可以创造的。

电影《铁面无私》（*The Untouchables*）中有一句很棒的台词，总能让我联想到创建数据的问题。这是一条充满智慧的谏言：“如果你不想要烂苹果，那就别去桶里找了，直接从树上摘。”

我每次处理数据时，都会想到这段。您所寻求的精确和理想数据可能并不存在。这时候就该考虑自己收集或创建哪些数据了。

第9章

如何创造数据

数据创建和收集可能需要大量的时间和精力。因此在讨论创造数据的问题时，我会引用一句谚语：

“要种一棵树，最好的时间是二十年前。其次就是现在。”

这句话真是一针见血，因为我们需要很长时间才能收集到具有相关性的数据，创建有解释性的数据集。创建数据最重要的事情就是从一开始就选定参数和规范数据结构。毕竟，您不想在错误的方向上浪费时间，以至于收集的数据无法使用，尤其是当您需要长时间收集数据才能发现真正有意义的解释。

错误的参数设置、整合方式、前后缺乏一致性或其他各种因素都会导致数据无法使用。我就不止一次因为这些原因，在意识到没能收集优质数据后，放弃已经建立的数据库。

一个创造数据的实例

我最引以为傲的数据项目之一是《远望经济月刊》（*Prestige Economics*）根据物资搬运协会（Material Handling Institute, MHI）创建的商业活动指数（Business Activity Index，BAI）（见表9-1）。该系列数据按月收集和发布，旨在反映美国供应链的一部分——材料处理行业的活动。我们在其他活动指数上对某些变量进行了建模。另外，我们对原始数据做了一些调整，对参与者进行了排名，参与者必须回答他们对行业扩展或收缩的看法。通过这种方式，MHI-BAI捕获了物料搬运业务动态中的月度变化，而这些变化使受访者无法回避问题及无法选择回答该月的活动没有变化。

表 9-1 MHI-BAI

物资搬运协会商业活动数据						
	2019年1月	2018年12月	百分点变动	变动趋势	变化率	月度趋势
MHI-BAI	52	71	−19	扩张	放缓	6
产能利用率	53	59	−6	扩张	放缓	13
新订单	57	67	−10	扩张	放缓	2
发货量	61	48	+13	扩张	收缩转扩张	1
未交货订单	48	57	−9	收缩	扩张转收缩	1
库存	44	33	+11	收缩	放缓	2
出口额	45	56	−11	收缩	扩张转收缩	1
未来订单	61	81	−20	扩张	放缓	44

数据来源：远望经济。

这是与其他数据收集活动相比最重要的创新，确保该数据能灵敏地捕获行业变化。毕竟，一般情况下如果询问受访者，与上个月相比，他们的业务进展如何，很多人都会说“没什么变化”。

我们就是为了避免这种情况。

通过强迫受访者在扩张和收缩活动之间做出选择，数据高于50表明大多数受访者报告每月活动增加，低于50表明活动减少。

此数据已经能够用于评价业务活动、产能利用率、新订单、发货量、未交货订单、库存、出口额和未来的新订单（提前12个月）。

数据调整

创造新数据的关键点之一就是确保数据的前后一致性。同样，您需要确保数据之间产生相关时能够被剔除。

在调查报告创立的头几个月里，我们没有把无法提供出口、库存或产能利用率数据的公司剔除出去。幸运的是，在物资搬运协会（MHI）数据的帮助下，我们很快进行了调整，只是损失了几个月的成果，而现在这项调查已经成功运作了近4年。如果当初我们调整的速度太慢，就会废弃更多数据了。

对创造数据最早的尝试之一是《远望经济季刊》

对企业客户群体进行的“风险、计划和衰退预期季度基准数据调查报告”，图9-1展示了季度衰退风险调查。该调查报告和MHI-BAI一样内容简洁，这是确保回应率的关键。要明白，一项调查很短并不意味着其中的信息没有价值。实际上，MHI-BAI只有4页的图形和文本，而“基准数据调查报告”只需要每季度填写一个固定的20页讲义。持续收集时间越长，报告就越可能详尽，因为随着时间的不断

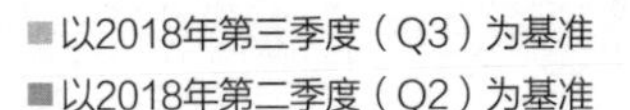

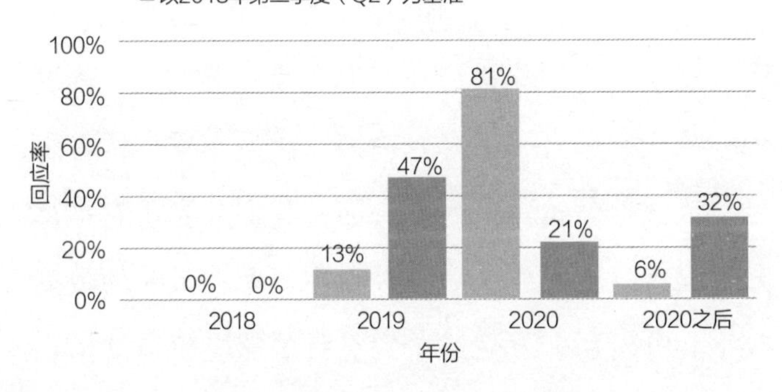

图9-1　远望经济季度衰退风险调查

推移，我们就能从中提取更多的信息。MHI-BAI和“基准数据调查报告”已经初见成效。这类调查由于匿名性和内容的简洁，参与者众多。

数据失效时

我曾经历过一个失败的数据项目，那是我们与机器人业务评论（RBR）创建的机器人行业活跃指数（RAI）（见表9-2）。未来主义学院于2018年第二季度初开始发布该指数。这份两页的报告以对机器人和自动化科技公司的短期季度调查为基础。但因为受访者并不积极，在我们收集数据的三个季度内，响应率一直在下降。在第三次发布季度报告之后，该数据就销声匿迹了，因此我们放弃了它。这种情况有时也发生在数据项目中。您在最初的数据收集和分析后，发现成果中没有足够有价值的信息去申请持续的项目支持。尤其是对于需要行业专家提供数据的情况，由于参与者的数量稀少不再具有统计意义，我们将放弃该指数。

表 9-2　机器人行业活跃指数

	当前季度	上季度	百分点变动	变化趋势	变化率	季度趋势
新订量	83	100	−17	扩张	放缓	3
发货量	83	100	−17	扩张	放缓	3
研究与开发	83	100	−17	扩张	放缓	3
外部投资（仅针对适用此项的企业）	67	33	+34	扩张	收缩转扩张	1
内部投资（仅针对适用此项的企业）	100	100	0	扩张	无变化	3
新订单 2018vs2017	83	100	−17	扩张	放缓	3
发货量 2018vs2017	83	100	−17	扩张	放缓	3
投资 2018vs2017	83	86	−3	扩张	放缓	3

定性数据

之前提到的MHI-BAI，RAI和“远望经济基准数据调查报告”都试图同时收集定量数据和定性数据。而我们另一种收集数据的项目称作“机器人与自动化年鉴”。但这还只停留在论文和观点层面。在这种情况下，它更多是定性数据项目，而不是收集定量数据。该年鉴与我们率先开展的其他数据创建项目相匹配，因为它是一种尝试捕获情报衍生数据的方法，在情报界称为HUMINT。像MHI-BAI和“基准数据调查报告”一样，它也很成功。我们在2018年第一次发布了《机器人与自动化年鉴》，在2019年发布了第二次。

注意事项

这里将总结本章所述创建数据时需要注意的重要事项。

- 从一开始就有目标、有重点地按需获取数据，以免从头再来。

- 如果发现需要在数据收集的过程中进行项目更正，请果断快速地进行。任何更改都可能使此前的数据收集活动前功尽弃。
- 确保受访样本的一致性。
- 保证提供给参与者的内容精确而简短。
- 保证数据的匿名性。
- 如果您没有获得良好的反馈，可能要考虑废弃该数据，甚至整个项目。
- 数据越多越好。长时间稳定收集数据才最有效。

正如我在本章和上一章中指出的那样，我鼓励任何进行分析的人尝试创建最能帮助他们获取有意义、可操作和有价值的信息和数据。但是要明白，这并不是一件容易的事情，有时这个方法也会行不通。

第 10 章

坚持事实，展现事实

正如之前谈到的“机器人与自动化年鉴”项目，定量数据集并不是唯一的选择。实际上，定性数据的重要性可能更高，尤其是当您发现正在使用的某些定量数据存在可靠性问题时，例如政府数据发布可能存在重大延误或修订。

我要说的是，定性数据不应仅仅用于表面现象的描述。对您正在使用的数据进行测试和重新取样同样非常重要。

这本质上是您对数据执行的一种必要的审计或尽职调查。有时，这种审查可以通过对您拥有的数据集进行测试和采样来完成。

但是，其中亲自调查并审核事实情况也是非常重要的部分。如果是公司数据，则您应了解有关收集过程的更多信息，并亲自查看其中的部分内容。

如果您要处理的是宏观经济或政策数据，亲力亲为就更加重要——再次审核数据相关事实。这是我年度出差计划的一部分。这实际上与我在第6章中提到的最佳实践之一——不断学习，是相互结合的。四处出差，与政治家和决策者会面也将双重目的相结合。

通过这种经历，我可以与有识之士一起讨论我的假设。接下来就让我分享自己的故事来具体说明。

出错的文章

2012年夏天，一家著名的杂志发表了一篇文章，称欧洲货币联盟的某个成员国计划离开欧元区。由于对于使用欧元的国家和地区目前的行为感到失望，这个国家准备放弃欧盟。如果这一说法属实，那将对欧元产生不利影响。

我当时对此深表怀疑，但此消息流传甚广。

因此，我订了飞往欧洲的航班，并与该国中央银行有关人员预约会面。幸运的是，自2004年以来，我一直与该央行有关人员保持联系，其间我建立了许多人脉，这推进了会面的进行。

我与该国央行的一位负责人坐下来，聊了聊对全球经济和金融市场的看法，以及对欧元和欧洲货币联盟未来的期望。

当我们要结束这次谈话时，我尽可能随意地提起，我很惊异于听说该国有关退出欧元区的想法，我认为欧元区各国不大可能离开欧元区。没想到他对欧元区前景有类似的看法，“是的，我也这样认为。”他说。

他不只是对这个故事的传播感到惊讶，他更惊讶的是这样的故事从何而起。这太荒谬了。但这流言蜚语已经在一家主要刊物上发表了，并且外汇市场也闻风而动。

基于这次对话，我开始看涨欧元，而在接下来的18个月里，我被证明是正确的。

明确写作目的

除了与国外央行人员的会面外，我还参加了美国联邦储备系统也就是美联储的活动。每年，我都会参加亚特兰大联储举办的年度金融市场会议。我第一次参加时，该会议大约有40人，包括时任美联储主席本·伯南克。

现在，约有300人参加此活动。对于全球金融市场高级领导者、政策制定者和某些市场分析师而言，这是一个重要活动。2018年5月的会议主题是金融的未来。讨论了诸如机器学习，人工智能和加密货币之类的话题。我无意间听到了很多人的对话，这些谈话表达着有关比特币、区块链、以太坊和加密货币的困惑。

正是这次活动启发了我的作品，《区块链的承诺：新兴颠覆性技术的希望与炒作》（*The Promise of Blockchain: Hope and Hype for an Emerging Disruptive Technology*）。当时我感到，如果连金融界的精英们都对该主题存在疑惑，我应该写一本书，聊聊这些令人困惑的话题。我的客户对这本书赞赏有加。西南偏南大会（SXSW）邀请我在2019年3月前往官方举办的读书会。

展望石油输出国组织（欧佩克）

15年间，我每年都去奥地利维也纳参加欧佩克会议。如果您想知道石油市场的状况，请务必考虑参加。有很多记者和分析师参加，甚至还有公开会议。您可以直接走到不同国家的石油部长面前向他们提问。

想象一下！

您可以像去图书馆服务台一样直接走向他们的办公桌——您可以向世界上最重要的国家的石油部长们询问任何问题！当然，您必须能够参加会议。这可能不太容易。也许我在最近几年的欧佩克会议上遇到的最重要事件发生在2016年11月，那次会议上欧佩克成员国和非成员国都做出了减少石油产量的决定，以缓解全球石油库存过剩现状，并期望将石油库存推低至过去五年平均水平。欧佩克减产背后的逻辑是，产量下降将对价格起到支撑作用。

这次会议之所以尤其重要，是因为欧佩克与俄罗斯等非欧佩克国家之间建立的合作关系。不过我认为还有一点。在达成减少石油产量的合作决定之前，在欧佩克开幕式上，举办方展示了包括用户界面和用户体验（UI和UX）在内的新的欧佩克手机应用程序的功能。

那次会议引发了我与客户关于对新技术的广泛

需求的直接讨论。

尽管欧佩克会议的重点是成员国与非成员国具有里程碑意义的新合作，但我看到的是，欧佩克在推动技术发展方面正在领先许多大公司。

两百万美元博客

与欧佩克会议中我关于企业的新科技需求的感想收获形成鲜明对比的，是2017年我在某初创企业中的一次经历。

我当时成为一名天使投资人。天使投资人提供投资、建议、指导以及其他各方面的帮助，以支持初创企业。

其中一家初创公司的首席执行官（CEO）是一名播客。这是每天只有4分钟的节目，只面向这名CEO邮件列表中的7000个电子邮件地址。

要澄清一下，这并不意味着每天这7000个电子邮箱的主人都会打开它；当然，这也不意味着打开电子邮件的人点击了播放。实际上，以我的经验估计，打开率最多只有所有已发送电子邮件的20%，也就是不到1400封电子邮件会被打开。而其中最多能达到20%点击率，即每天不到300人点开视频。这还是假设电子邮件发挥了最优性能，而且播放是免费的。因此，没有创收。

这个CEO寻求的估值是200万美元。结果成功了，股份提高了25%。也就是说，即使在私人市场中，技术热也如火如荼；每天4分钟的播客筹集了50万美元作为公司25%的股份。

我非常震惊，当时甚至以此题材写了一篇《你的狗需要播客吗?》的文章。我与客户也分享过这个故事。要警惕，这是过去几年中私营和上市公司的技术估值普遍存在一些问题的征兆。这种盲目热情早晚会变成时代的眼泪。

一些启示

也许您不需要与决策者见面就可以测试定性数据假设。但是，一定程度的尽职调查将为您的分析增加价值。希望您通过此章学习能够明白：您如何确保所使用的数据具有实际意义？您如何了解数据背后的事实情况？您又如何到达根源——数据产生之处，在表格背后，探明那里的数据究竟有没有代表性？

04 数据分析的最佳准则

第11章

无用之数

并非所有的定量或定性数据都是有用的。这也是为什么遵循正确的数据流程——从提出正确的问题、确定您需要做的分析类型开始——非常重要。

实际上，现在数据多到用不完，而新产生的数据也呈指数增长，这意味着在拥有越来越多有价值的数据的同时，许多无用之数也在大量产生着。

无用之数产生原因有三：

· 没有人知道它的存在。
· 还没有人发现它的用途。
· 信息“嘈杂”。

而且这三个问题对于定量数据和定性数据都是存在的。两种数据可能因为以上某个或是多个问题没法被使用。

我于2004年成为美联银行的经济学家，该银行在金融危机期间被富国银行收购。一年之内，我在费城联储做了一次演讲。

当我成为经济学家时，美联储的新闻稿还很短。当时美联储会议的缺陷还没显露。2004年，在美联储季度会议上没有举行新闻发布会，这在美联储主席伯南克的领导下后来成为惯例。

正如美联储主席杰伊·鲍威尔最近提到的那样，之后每一次美联储会议都没有新闻发布会。

2004年，美联储成员预测也没有发布。也就是所谓的“散点图”，它展示了美联储的联邦公开市场委员会成员对联邦基金利率、通胀和GDP预期的直观分布。而现在，这类预测每季度发布一次。例如图11-1。

美联储发布
媒体发布内容

发布时间：2004年1月28日

本内容为即时发布

联邦公开市场委员会决定，即日起，将联邦基金利率目标设为1%。

委员会坚持认为，宽松的货币政策与生产力的强劲增长，正为持续的经济发展带来活力。近期有足够的证据表明，产值增长迅速。虽然就业率持续低迷，仍有其他指标表明劳动市场就业情况有所改善。核心物价指数停止增长且有望长期保持较低水平。

委员会发现，未来几个季度中可持续发展指标上下行风险大致相同。通货膨胀率在近几个月的下行风险降低，目前与通胀风险持平。基于较低的通胀水平和资源使用率，委员会将缓慢取消宽松货币政策。

联邦公开市场委员会货币政策表决人员名单：……

2004货币政策

图11-1　Fed 2004 新闻发言稿[①]

① 来自美国联邦储备系统，2019年2月21日检索。

2004年美联储的发布日历非常稀疏。当时，甚至连美联储的会议纪要都要延迟六周才发布，也就是说本次会议的纪要要等到下一次美联储决策发布后才会公开。

而现在情况早已不同。美联储做出决策三周后，会议纪要就将发布。这比2004年缩短了一半。这意味着会议纪要在美联储下一次公布决定之前就将面向世人。

您可以看到2018年以来日益丰富的美联储日历。如上所述，新的日历表明，每次美联储会议上都包括新闻发布会。那么，为什么美联储要增加出版物和发行量呢?

这与金融危机有很大的关系。在那之后，美联储大大提高了其透明度，以使市场有更多的时间来应对政策变化，这有望减少市场波动，避免再次发生金融危机。

这可能是一个崇高的目标，提高透明度和创建更多数据将为金融市场分析师带来巨大价值。问题是，这真的起到作用了吗？

这正是本章要讨论无用之数的原因。

美联储竭尽全力分享其预测、观点、期望和拥有的数据。如您在图11-2中所见，在过去15年中，美联储声明的长度甚至都在显著增加。

尽管美联储竭力创造和共享更多信息，但是这种方法也可能会创造出市场无法消化的数据量。毕竟，在随时都可以获取的数据里，仅美联储对国内生产总值的预测就有4种。

美联储目前可提供以下4种不同的国内生产总值预测数据：

1．联邦公开市场委员会（FOMC）对年度国内生产总值的预期来源于其季度报告的一部分。

2．亚特兰大联储经常更新的模型（GDPNow），用于预测下一版发布的国内生产总值的季度环比年增长率。

根据联邦公开市场委员会十二月会议已发布信息，劳动力市场保持强健，经济增长速度稳定。个人工资收益超多月以来平均水平，失业率保持较低水平。家庭消费保持稳健增长，企业固定投资额增长速度趋于平缓。以12个月平均值为基准的总体通货膨胀率及非食品和能源产品的通胀率均约为2%。基于市场活动计算的通货膨胀补偿率有一定下滑，但与基于调查问卷的长期通货膨胀预期基本持平。

委员会依据其法定任务，为最大化就业、维持物价稳定，决定将联邦基金利率目标区间维持于2.25%至2.50%。委员会认为，经济活动持续扩张、劳动力市场保持强劲以及2%左右的通货膨胀率，将有较大可能实现这些目标。鉴于全球经济金融市场发展以及通胀压力的减弱，委员会持续关注，以做出适应未来实际情况的政策调整。

关于未来联邦基金利率的调整时间点及调整力度，委员会将通过评估其最大化就业和维持2%左右的通胀率目标的完成情况及预期水平酌情决定。这项评估将广泛考虑多方信息，包括但不限于劳动力市场状况、通胀压力、通胀预期以及金融市场发展和国际形势。

联邦基金委员会投票参与人员名单：……

图11-2　美联储联邦公开市场委员会会议声明[①]

① 来自美国联邦储备系统，2019年2月21日检索。

3．纽约联储经常更新的模型（NowCast），用于预测之后国内生产总值的季度环比年增长率。

4．圣路易斯联储经济新闻指数（Real GDP NowCast），它显示了下一版国内生产总值的季度环比实际年增长率。

珍妮特·耶伦（Janet Yellen）[①]于2016年8月在怀俄明州杰克逊·霍尔（Jackson Hole）发表的有关美联储政策的锐评中指出："我们预测联邦基金利率随时间变化的能力非常有限。"[②]那么，所有数据都对分析有帮助吗？大概不会。

就其所有数据和透明度而言，美联储目前对可能导致另一场衰退的政策和行为的控制力度并没有多大。虽然这并不意味着所有数据都是无用的，但这

① 2014—2018年任美联储主席，现任美国财政部长。——译者注

② 来自美国联邦储备系统页面，2019年2月21日检索。

也不能满足市场专家最希望美联储做的事：对联邦基金利率和其他利率的未来情况提供预测和见解。

重要的是要考虑到，尽管美联储拥有几乎无限的资源，并且有大量受过良好教育、高技能的经济学家和计量经济学家在发挥作用，做出良好的预测仍然是个难题。

处理数据的要点是，有时世界上的所有数据可能都不足以帮助您回答最需要回答的问题。换句话说，正如标题所言，并非所有数据都能带来帮助。

第 12 章

选择性忽视

并非所有数据都有价值，所以有必要忽视一些数据。

当数据量近乎无限时，分析得到的可能性也将变化莫测。对数据不做限制，就会带来分析模型瘫痪的风险——您将因此变得无所适从，难以决断。

使用数据时难免会出现这种问题。它存在于金融市场和经济数据的分析中，也发生在大型面板数据集和大型公司数据集中。

在很多场合我都亲眼见证过这一点。

重点是不要陷入考虑所有数据的陷阱，而要集中关注真正重要的数据。我在职业生涯的早期分析石油市场时，就面对过这种挑战。一位客户问起两份不同的每周石油库存报告之间的区别，以及应该信任哪一份。

一份是美国能源部（DOE）每周发布的石油库存报告，另一份是由美国石油协会（API）每周制作的石油库存报告。尽管这两份报告声称他们显示的是相同的数据，但他们经常存在很大的差异。

可靠性可以通过对数据收集的监督来判断。在对这两份报告的分析中，我发现DOE清单报告受法律约束——如果所提供的数据不准确，可能会受到刑事和民事处罚。DOE表格的说明包括以下警告：

根据1974年《联邦能源管理法》（*FEAA*）（第93～275号公共法）第13（b）节，必须由报告人员及时提交EIA-803表格。未做出修正可能会导致每项民事违法行为每天最高不超过2750美元的罚款，或每项刑事违法行为每天不超过5000美元的罚款。政府可以提起民事诉讼以应对被举报的违规行为，违规行为可能会导致临时限制令或无担保的初步或永久禁令。在此类民事诉讼中，法院也可能发布强制禁令，命令任何人遵守这些报告要求。[①]

甚至在正式的EIA-803表格中每周原油库存报告也带有严厉警告，强调了提供真实和完整数据的重要性：

根据15 U.S.C. § 772（b），此报告是强制性的。不遵守可能会导致刑事罚款、民事处罚和法律规定的其他制裁。有关制裁和数据保护的更多信息，请参阅说明中有关制裁的规定和有关信息机密性的规定。根据18 U.S.C. § 1001，任何人明知并故意向美国任何机构或部门做出在其管辖范围内的任何虚构、虚假或欺诈性陈述均为刑事犯罪。[②]

① 来自美国能源部，EIA-803每周原油库存报告指南，2018年2月18日检索。

② 来自美国能源部，EIA-803每周原油库存报告表格，2018年2月18日检索。

存在构成犯罪或受到民事或刑事罚款风险的情况，应足以确保每周DOE报告表格填写的完整性和准确性。

而API虽然是一个重要的行业集团，但是其石油库存报告表格没有法律的支持和效力。因此，我鼓励我的客户忽略API数据。毕竟，API没有被要求提供每周库存数据，法律也没有对其在每周数据收集中提供虚假信息作任何处罚。

这可能是一个极端的例子，却足以说明忽略某些数据的原因。但是，每当您查看不同的数据时，最重要的是要考虑您是否用得上它。

您不必将每个潜在变量都硬塞进市场或公司的财务模型中。您需要的是更准确的模型。

无论收集或生产多少数据，都不要害怕忽略和废弃那些不会提高分析有效性或可预测性的数据。坚持使用高质量数据，您的分析也将得出更令人信服的结果。

第 13 章

获得认可是关键

对任何分析来说，最重要的就是其应用性——任何检验、对数据的考察以及分析过程全都应指向一个结果，就是将结论推销出去。无论您的利益相关者是谁，他们需要的是能信任您的能力，理解您的逻辑，他们需要了解您结论的含义。

您可以拥有世界上最好的分析，但仍然需要人来支持您的主张。这既需要合理的分析，也需要有效的沟通。

在数据呈指数级增长的世界中，消除数据泛滥的杂乱信息将变得越来越重要。而对于分析师来说，引领管理者、利益相关者和同事一道穿过层层数据迷雾同样重要。

本书后面将讨论如何更好地做到这一点。

05 数据展示的最优策略

第 14 章

演示数据：少写字，多作图

在讨论数据时，获得对方认可最重要的方法就是将内容直接呈现在他面前。解释太多，反而容易让人走神。

请一定记住：

- 人们喜欢图表。
- 人们喜欢图片。
- 人们喜欢画面。

照片墙（Instagram）还未出现之时，人们常常会用幻灯片展示自己的旅程和假期。同样，即使在统计和经济业界，比起单纯阅读文字，人们更喜欢看图、看表、看画面。

画面越直观，就越容易深入人心。无论发表演讲、主持会议还是与经理交谈，道理皆是如此。一张表格中的数据如果极多——甚至过多——这张表就堪比“视力表”，因为听众既难看懂、也不愿意去看。

解释多变量回归分析

我曾经不止一次面临向听众解释多变量回归分析的困境。对于那些不熟悉统计学的听众，这则概念就更显复杂，很难上手掌握。但是，既然我从事创造数据、分析数据、展示数据这项工作，我就有责任让这一内容变得轻松易懂。

我喜欢使用三张图，解释单变量分析和多变量分析之间的不同。第一张图如图14-1，代表单变量分析。图右侧为输入数据，图左侧为输出数据。鸡蛋对应单一输入，而煎蛋对应单一输出。

单变量数据分析——鸡蛋

图14-1　单变量分析：仅有一个变量

从这张图中，您能清晰地看到输入和输出之间的相关性。

图14-2中，输入鸡蛋，输出面包。这就是多变量分析。您可能很难从输出数据（即那条面包）中发现某项输入数据的痕迹（即那枚鸡蛋），但这项输入数据确实能部分地决定、预测输出结果。单项

输入是分析要素之一，但不是唯一。

数据分析——多变量分析则不同

图14-2　多变量分析则大不相同

第三张图、也是最后一张即图14–3，解释了多变量分析的含义。在这张图中，欲实现输出，需要四个不同输入，这就是多变量分析。需要输入一系列数据，才能全面分析。即使每项组成要素都不能单独解释输出的全貌，但当它们混合在一起，便有了输出。

数据分析——多变量分析

图14-3　包含四个变量的多变量分析

面包不是小麦、不是鸡蛋、不是盐，也不是牛奶；同样的道理，为了预测某一特定结果，多变量回归分析需要运用大量不同的输入数据，而这些数据能够共同从逻辑上和统计学上解释输出结果。

这种直观的图片往往有很好的效果。

强调数据量的重要性

除了反复讲解单变量分析和多变量分析的不同，我也经常向听众阐述创造和收集更多数据的重要性。正如我在前文提到的，历史数据越多，描绘的统计学关系和分析的结果就越完善。

有两张图常常被我用来讲清这个道理。首先，如图14-4所示，有一组数据。假设这是一组随时间变化的数据，也就是时间序列数据，以统计学的眼光，您可

有限的历史数据

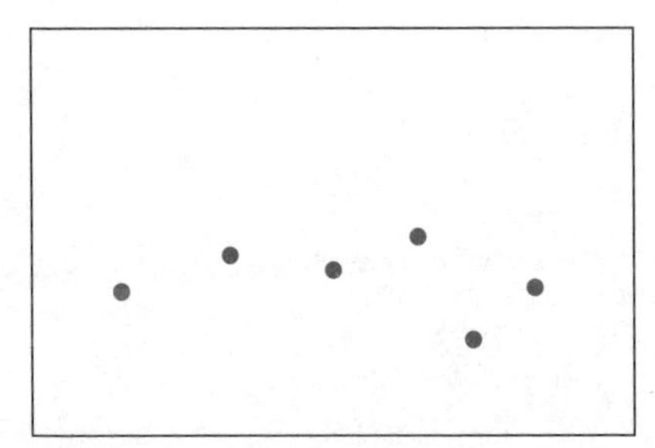

远望经济，未来主义学院

图14-4 有限的历史数据

能会觉得这是一组波动数据——而且总体有下降趋势。

为了反驳这一观点，同时强调收集更多数据的意义，我将这组数据置于一段长期的时间序列数据的末尾，如图14-5所示。尽管近期数据波动相对频繁，但历史数据一直在朝右上方上升，而且增长趋势十分明显。

这就是一种图示化描述方式，说明图14-5中的趋势线比只看图14-4中的简单数据得出的结论要重要得多。信趋势，别信个例。而长期趋势——往往包含着更多数据——更有助于我们挖掘出数据分析

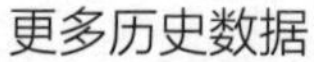

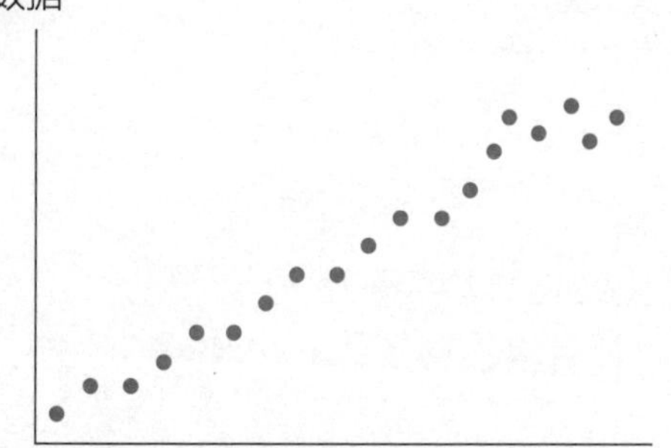

远望经济，未来主义学院

图14-5　溯至更久远的历史数据

背后的有用内容，从而预测未来。

我常常渴望在预测项目中得到更多的数据。您同样需要，因为手头的数据越多，您的预测结果就可能更准确，其原因在于：更多的数据往往包含更多有助于预测的信息，并且提供更完善的细节。

但同时，您所关注的这些数据也必须保持优质。

不良数据

MHI是我提供预测服务的客户之一，他们是物料运输行业的贸易协会成员，是美国供应链商品和服务公司的代表。

我为该公司提供预测的关键数据系列之一，是美国物料运输设备制造商（MHEM）的数据，该数据是政府有关耐用品订单的官方数据集的一部分。尽管该数据是历史数据，但几乎所有的年度数据都会经历上下20%的大幅修正。

这种修正幅度可太大了！

在调查数据和修正中存在的问题时，我发现我们使用的数据还存在其他重大问题。我决定同MHI的成员讨论我们深入分析的结果。为了引起他们的共鸣，以便清晰展示出数据中存在的谬误，我选择使用图像化的方式——如此一来，协会成员便能充分理解我。

官方的MHEM数据集存在两大问题，其中之一便是使用四类北美产业分类体系（NAICS）代码作为输入数据的标签[①]：

NAICS 333921 电梯和自动扶梯制造业
NAICS 333922 运输装备制造业
NAICS 333923 桥式起重机、起重机和架空单轨系统

① 来自美国人口调查局，NAICS代码数据，2019年2月18日检索。

NAICS 333924 工业卡车、拖拉机、拖车和码垛机制造业

问题在于，这样一来官方数据集就遗漏了其他关键行业的数据，而使用其他数据替代也不甚合适。我展示用的第一张图如图14-6所示。

统计数据有遗漏

图14-6　缺损数据——遗漏的元素

这幅图展示道路运输工具，但遗漏了皮卡货车。我设计这张图的目的在于类比，物料运输行业某些最重要的考虑因素——例如用于仓库和配送中心的货架、自动化设备——却未被收入官方MHEM数据中。

接下来，我使用了图14-7。图中同样展示了道路运输工具，依然排除了皮卡货车，但换成了火

统计方式存在错误

图14-7　缺损数据——错加元素

车。这张图想说明的是：官方MHEM数据中十分奇怪地收录了电梯和自动扶梯，但通常不会有人在统计物料搬运相关数据时考虑它们。电梯和自动扶梯之于物资搬运，正好比火车之于公路运输。尽管火车也在地上跑，但归为“公路运输”却不合适。

这场演示颇有成效，令观众迅速而清晰地明白了数据中的问题。遗憾的是，想要修改这些已经不再适应行业现状的分类标准，大概只能由国会通过一份多国贸易协定或法案[①]来实现。因此，我们只得被数据的瑕疵所阻碍。但至少所有人都对这一情况有了清楚的认知。

有时，当您利用图片阐述数据间关系或问题现状时，传达出的信息可能听起来逆耳。但您的职责不是解决这些问题本身——尤其当这些问题根本没

① 北美产业分类体系的基础是北美自由贸易协议，成员国不仅有美国，还包括加拿大和墨西哥，因此作者此处强调需要一份“多国贸易协定或法案”。——译者注

法解决时。作为数据处理人员，您的职责是让所有人都能够意识到挑战、风险、机遇和您处理的数据的价值。

我在这一章中使用的图例，第一眼看上去可能有些低级，但全世界任何一个人看过之后都能迅速领会其中的观点，而这才是重点。您的责任是让内容变得通俗易懂。毕竟不是每个人都能理解数据，但如果您能够理解，那么您可以帮助别人理解。这就是您对客户、管理人员、利益相关者和同事所负有的责任。

第 15 章

讲故事

想要获得认可，就要讲好故事，故事要引发共鸣，且合情合理。

正如数据分析需要遵循流程、符合逻辑，而展示成果、展望前景、交流预测结果也需如此。前文中，我推荐采用直观方法演示数据间的关系和问题，作为这一理念的延续，我继续推荐综合利用图片和故事传达观点。

我认识一位在美国情报系统工作的专家，他有一句口头禅："无数的趣闻叠加起来就是数据。"您所讲述的趣闻合情合理、能引发共鸣，就能在缺少数据的情况下补足逻辑性。我在自己的未来主义讲演中就贯彻了这一思想，在培训顾问、管理人员、分析员和战略家时，这也是核心的一环。

运用历史情境，结合当下数据，方能构筑未来图景。本章中，我将列举几则案例，讲解如何运用故事和想象，设计预测方案来引发听众的共鸣。

区块链

近年来，区块链堪称最热门的新兴技术之一。我所讲述的这篇故事是古代的一幅画，它描绘了古时亚历山大图书馆被焚毁的情景。实际上，这则故事正是本人著作《区块链的前景》(*The Promise of Blockchain*)的核心思想。

系统中心化导致一旦单节点失效，就将威胁整个系统的安全。风险中心化、集中化会殃及整个系统。当年亚历山大港战役中，恺撒焚毁亚历山大图书馆，就是中心点崩溃导致系统失败的铁证之一。

这座世界上首屈一指的文字资料库陷入火海，

多达五十万卷纸莎草文献被烧毁，无数古代世界流传的智慧被付之一炬。

在这场古代浩劫的阴影之下，诞生了现代的区块链技术，该技术在去中心化框架中保障了多账本记录能力。这是一项新生事物，足以解决人类自古以来就面临的问题。假设这则历史故事发生在未来，亚历山大图书馆在大火中付之一炬的知识财富仍由人类共享。

在线教育的未来

我想讲述的第二则未来主义故事是关于在线教育发展。我本想分享给读者一间大教室摄影棚的照片，但得克萨斯大学奥斯汀分校的一间线上教育录制休息室的照片却更触动人心。

录制休息室是讲课人上镜前准备的地方。这间录制休息室过去曾经是一间教室，但现在被改为教授们休息、化妆、准备录制线上课程的地方。制作方划出空间给录制休息室，足以说明线上教育势头如火如荼——他们甚至愿意为此牺牲一间教室。

过去的工作

谈到机器人，我最喜爱的话题之一就是炼铁。工作永远都在变化，证据就是史密斯（Smith）是英语世界里最常见的姓氏，但铁匠（Smith）在当今世界几乎绝迹了。

我想讲的故事是，19世纪初的劳动力市场演变到今日，早已是沧海桑田。当年的信息交流受限，教育资源有限，职业再培训机会也有限；而如今线上教育日益发达，再培训机制愈发成熟，远程办公也逐渐普遍——前后形成了鲜明的对比。需要我们注意的是，尽管未来职场依然会发生翻天覆地的迅速变革，但比起19世纪初的铁匠们，我们迎接变革时所做的准备要充分得多。

未来的工作

我想讲的最后一个关于未来的故事，是强调每个人都应了解机器人、自动化和人工智能这些即将到来的变革。技术热潮正流淌于我们的时代精神之中，为了让不同的管理人员、专家或学生切实领悟到这份热度，我向他们演示了一张关于未来机器人的图。图片的关键在于，连这种偏向农耕传统的小城镇里，都弥漫着对未来工作变化动态的先知先觉。

讲故事能帮您非常有效地分享观点。这种方法相当于以有限数据结论为基础，将其推演至未来，并且易于被人接受和信任。正因如此，您必须格外注意自己要讲什么样的故事。

如果您讲的故事中掺杂的数据、趣闻或者历史寓言太过离奇——或者您讨论的是还未被接受的技术，或者希望渺茫的灵感——这样不仅会失去信任，还会被视为怪胎。

作为数据科学家、经济学家、分析师或预测师，思想行为古怪一些无可厚非，甚至还可能有所作为。但要是您表现得诡异，那就要小心了。这会影响您所传达观点的效力，有损您同他人沟通的效果。

第 16 章

切勿过分标新立异

讨论未来是把双刃剑：一面是妙趣横生，扣人心弦；另一面则是异想天开，难以服人。不幸的是，未来主义者的圈子普遍追求标新立异。

我曾见过有的演讲者身穿科幻套装，头戴科幻眼镜，俨然一副未来主义的做派，口中讲着移民火星、复印人体、海底筑城，仿佛这一切就将发生在明天。这些话题拍成科幻电影倒是合适，但变成现实则远在天边——如果真的能到达“天边”的话。而且，在向专家、管理人员讲话时，如果过于关注这种话题，会降低一名数据科学家或分析师的可信度。

之所以组建未来主义学院，我的初衷是将学员培养成未来主义者——在他们的战略规划中融入新兴技术的风险与机遇，而不是滋生出一批沉溺于未来的狂热信徒。但恰恰常有未来主义者沦为此列，而没有人会正视其为专家。

每当出现一项接近人们科学幻想的技术进步时，媒体就会紧跟着炒作。他们往往不计成本、罔顾现实。他们唯一关心的就是话题的爆炸性、“标题党”能骗来多少热度和点击量。

对于每位数据预测师、数据分析师、经济学家或者未来主义者，我最希望你们去做的事，就是引导利益相关者、管理人员或同事发掘您的观点——同时引导他们深以为然。您可能会是错的，实际上很多情况下您都是错的。

然而，分析师的目标不是保持永远正确，而是遵循最可靠的流程，忠诚勤勉地处理可得到的定性和定量数据，之后采用可靠的方式展示您的观点，以期引发利益相关者的共鸣。您可能是错的，但会得到尊重。

当然，如果您手持一盏埃隆·马斯克的挖洞公司生产的喷灯，身穿未来主义科幻套装降临会场，随后开始沉迷于移民火星并远程联络星外天体的遐想，那可就不是观点错误的问题了——您会从此失去同事们的尊重。与此相比，还是仔细钻研那些能够在中长期带来商业价值的技术更能赢得他人欣赏。

讨论这些是想说明，我们应努力，并且坚持讨论那些已经具有投入生产的可行性、即将商业化或者已经在商业化路上的技术。

第 17 章

这次从未不同

有一句名言，市场专家、交易员、经济学家口口相传但却是错误的——“这次情况不同”。但我很欣喜地发现一家银行，那里的分析师如果吐出这句话就会被开除，而这家银行的座右铭正是“这次从未不同”。

对这一观点，我深以为然。

无论何时，新的金融市场、经济或数据形态看似“横空出世”，但其背后一定蕴藏着对过去的写照，值得我们深思。当您阅读数据时，重要的是发掘那些能够反映历史事件的规律。

无论是观察销售数据、物流数据、经济指标还是金融市场，这一道理都适用。“历史从不会重演，但总是惊人的相似”，这句名言用在这里再恰当不过了。这句话其实就是对历史数据进行统计分析背后的理念，即寻找有预测性的规律。

这也正是为什么强大完备的（鲁棒的）数据序列在分析中最具价值。这类数据能最充分地抓取过往事件，从而更准确地预测未来。前几章中我已经讨论过这一点。

我在《区块链的前景》中讨论加密货币时，同时运用了形象化描述、故事和“这次从未不同”这一观点，为读者厘清这项往往令人摸不着头脑的技术。据我看来，不记名债券就是电子加密货币的纸质版。不记名债券固然能够合法使用，但往往成为不法分子青睐的交易工具。

从未不同

从公司数据到技术发展规律，再到经济金融市场数据，“这次从未不同”的观点全部适用。所有预测性数据分析全部严格建立在“这次从未不同”这一观点之上。

毕竟，如果这次情景真的不同了，那么分析历史数据也就失去了意义。如果过去已不能照见未来，那么预测也就没有了价值。那些观察数据的人要将这一点铭记在心。因为无论技术如何发展，如果一组强大完备的（鲁棒的）历史数据尚且不能充分代表全部趋势和现实，那么世间一切分析都将毫无关联且毫无意义。

我们清楚，在预测客户、金融市场和技术发展时，历史数据包含着未来趋势。因此，“这次”永远不会有什么实质性的不同。

第18章 犯错

作为专业与数据打交道的一员，犯错对我而言并不罕见。搞错历史数据自然不可原谅，但是，报道的数据可以修正；但作为一名数据分析员，发现未来并未严格符合自己的预测是司空见惯的情况。

在一定程度上，您的每份预测都有出错的可能。这是预测员或分析师必须接受的残酷现实。但我们的目标是随着时间推移提高预测水准。请回顾第4章中我阐述过的理念：检验、复测数据以及预测结果应当作为数据处理标准流程的一部分。

有了充足的数据和充分的检验，我们有希望提高预测分析的准确有效性。这是每一名分析师的目标——孜孜不倦地工作，提高预测准确度。但是，清楚自己会犯错——甚至经常犯错，同样也是工作的一部分。

06 危险的数据

第19章

数据滥用

数据滥用是个现实问题。企业如何使用自己的数据，比局外人使用这些数据的问题更严重。

有这样一则故事可以反映其中的道理：一个商人叫三个人来办公室审核财务账目。第一个人是位会计。商人问他能从这些数字里看出什么，会计于是谈起利润率、收益和各种财务比率。商人又叫来一位数学家，问他相同的问题。数学家仔细分析了数字中蕴含的趋势。最后，商人叫来一名统计学家，提出同样的问题。然而这次，统计学家停顿了一分钟，随后关上门，转头问商人："您想让这些数字有什么含义？"

这个故事颇有几分道理。曾任英国首相的本杰明·迪斯雷利也有一句名言："谎言有三种：谎言，糟透的谎言和统计学。"

统计学之所以被迪斯雷利归为三种谎言之一，就在于它会被人滥用。

太坏了

我遇到的数据滥用中最险恶的用心，莫过于一家公司的分析师蓄意误导客户。

在一场公开会议上，我看着他在满满一屋的管理人员、分析师和投资者面前演示一张图。他试图展现两宗商品价格之间存在关联，一者领先、另一者落后。

他的这番论证中，错误点在于他为了让结论成立而篡改了坐标轴。我自己之前也做过类似的分析，所以我清楚如果把坐标轴标准化，看上去领先的商品实际上反而是落后的那个。

我以为他并非有意为之，于是便在演讲结束后走过去告诉他数据和图表中的问题。我客气地指出，坐标轴上有些疏漏，应该调整一下，以更真实地反映真实情况——而真实情况和他刚刚所讲的恰恰相反。

他回答道："我们的客户太笨了，根本看不出问题。"

他居然如此对待自己的客户——不仅操纵他们，而且贬低他们——令人震惊。各位读者，这简直就是耻辱，这很明显就是一场骗局。

当然，这并非我职业生涯里唯一一次发现别人操纵数据。在公开场合欺骗面前的客户，性质尤其恶劣；但同时，对数据抱有适当的怀疑也很重要。我也曾发现，有时为了得出特定结论，分析师会在数据集里特地包括或排除某些子集。

道德风险

预测领域的主要风险之一，就是道德风险。这就是说，您个人的偏见、想法和利益会不可避免地左右您的观点。

从本质上讲，道德风险是一种利益冲突，会对分析师有一定影响。

不久前我做过一场演讲。屋子里坐满了来自政府的分析师，我抛出这个问题："作为一名在政府工作的预测者，您首要的工作是什么？"

正如我所料，他们都回答是"做到预测准确"。我却指出，从我的经历看来，他们中的任何一位分析师的首要工作都是"保证不被解聘"。

我们经常会忘记，衡量人们工作表现的，往往是些更重大的规划和任务。对于分析师个人而言，比起反驳那些自己并不认同的预测结果，迅速更新自己的预测结果、保住工作往往更加重要。

想象一下：假如您在一家大型金融机构工作，一位客户听到您预测美元兑日元汇率会降到100之后，便买进了10亿日元。也就是说，有人听从您的推荐，刚刚买入10亿日元。

现在想象一下：就在第二天，意外突发。您需要修改预测结果：美元兑日元汇率会升至120。预测变化了20%，意味着您的客户可能损失2亿日元。

现在，按照您前一天的建议，客户即将损失2亿日元，而您希望多久告知他这一变数？更重要的是，与您合作的销售员希望您多久更新之前的预测结果？您可能会认为，他们希望预测结果立即更新。但是，手里有这样一大笔资金面临风险，分析师为了保住颜面、不被解聘，面临的压力无比巨大。

教训

作为数据分析师，最需要明白的一点就是：信任何其脆弱。就如同有人会在简历上夸大其词或者造假；分析师操纵数据最常用的方法之一，就是利用坐标轴和图表，企图展示出一些根本就不存在的关系。这种数据滥用，利用了直观展示的优势，以实现恶意目的。利益冲突也是一样，尽管看上去可能不如操纵数据那样邪恶。这些做法都会破坏预测者的独立性，让信任土崩瓦解，从而对行业和商业造成巨大的恶劣影响。

第 20 章

假新闻的现状

说起“假新闻”这三个字，不同人有不同的理解。但无论怎样理解，请大家切记“这次从未不同”。

虚假广告、虚假宣传、传播谣言并不是新事物。江湖有多久远，江湖骗子就有多久远。

不过，现代假新闻的媒介是互联网，后者的确是个新鲜事物。然而，现代假新闻浪潮兴起的源头可能并没有您想象的那么臭名昭著。毕竟，商界很早就开始利用互联网拓展销路、提高销售额了。而新的动向来自脸书（Facebook）、推特（Twitter）、拼趣（Pinterest）、色拉布（Snapchat）和照片墙（Instagram）这些社交媒体网站，它们为其他公司创造了海量机会，在潜移默化中拓展销路、提高销量

（当然，有时可能并不够"潜"和"默"）。

但正如那句话所说，"人能创造什么，就能毁掉什么。"假新闻成了居心叵测之人在网络世界兴风作浪的手段。

一些公司利用内容营销（content marketing），通过社交媒体和互联网拓展市场、提高销量。内容营销是一种策略，通过海量内容吸引人们注意，从而拓展销路。播客（podcast）、文章、微录（vlog）乃至书籍，只要能形成追随者、带动品牌亲和力，都能成为"内容"。

创造网络内容的原理是内容能将客户吸引至您的公司，销售行业称之为集客销路（inbound leads）。内容营销领域内，有一家名为"中心点"（Hubspot）的网站一直是急先锋。这种利用内容而产生集客销路的方式，术语称之为集客营销（inbound marketing）。对此，Hubspot的主页上还挂着一句标语，点明集客营销是"将陌生人转化为您的用户，甚至是倡导者的最佳方式”。[1]如图20-1所示。

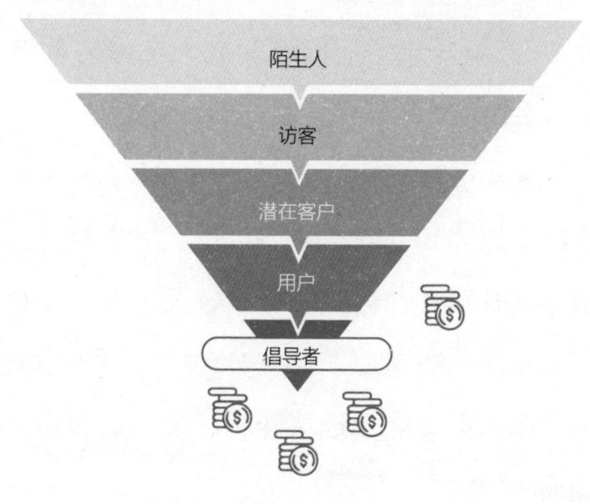

图20-1　客户漏斗[2]

受内容营销吸引而来的潜在客户将进入这样一只漏斗：陌生人首先成为访客，访客成为潜在客户，潜在客户再成为用户，用户最终成为品牌和公司的倡导

① 引自Hubspot网站。

② 此概念提炼自Hubspot的商业模型。

者。在这段销售漏斗筛选过程中，损失多少潜在客户并不重要，重要的是会有部分潜在客户成为用户——更重要的是，会有部分用户成为品牌的倡导者。

内容营销的运作方式之一就是购买线上影响力。这是许多商业的常态。它们花钱购买广告，购买关注者，请各大社交平台上的网红们使用、穿戴、推广自家的品牌。实际上，网红营销已经形成了一整套产业链。在当年弗莱音乐节（Fyre Festival）丑闻[①]爆出后，最近又相继发生了几起网红营销事件。

图20-2展示了不同社交媒体上网红活动的价格。无论是请网红还是购买关注者，都不需要花太大价钱。您只需要网上搜索一下，就能找到您在社

① 弗莱音乐节丑闻，又名弗莱事件，指的是2017年不少人慕名飞到巴哈马海岛，参加众多名人站台、号称豪华音乐节的弗莱音乐节，但现实与宣传不符。——编者注

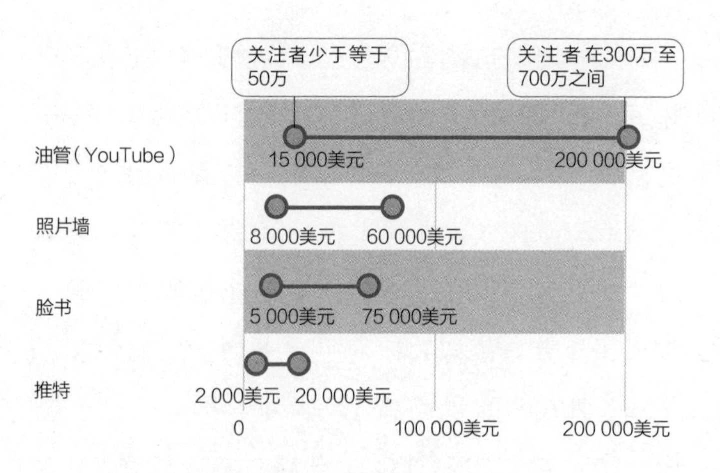

图20-2　每篇帖子的网红营销价格[①]

交媒体上需要的一切。

我曾经接待过一名客户，他的女儿因为照片墙上的关注者不如朋友的多而愤愤不平，客户为此十分焦虑。我提示他应该直接给女儿买些关注者。

他非常惊讶，瞪大眼睛盯着我，问我到哪里去

① 来自卡拉·凯利著“从Fyre音乐节到时装周：照片墙上的网红们是如何赚到盆满钵满的?”（2019年2月12日）中的Captiv8数据。

买。我告诉他直接上网，去搜索那些专门“销售”关注者的公司。

不仅这位客户给女儿购买了一批关注者，当我将这段故事讲给其他管理人员们之后，许多人都很开心自己也学会了这样的新招数，因为他们的孩子们也在为周围朋友精美的社交账号而心烦意乱。

从油管的观看数、声云（SoundCloud）的聆听数，到脸书的关注者数、照片墙的关注者数，再到推特的关注数、点赞数、转发数、打赏数，您都能买得到。

套用我在音乐剧《Q大道》中听到的那句台词：“互联网就是搞营销的。”

互联网上有如此之多的网民在粗制滥造大量内容，大家也都意识到购买关注者轻松又便宜，于是，这也就成了诸多商家的标准套路，他们将自己的做法隐晦地称为“付费社交”（paid social）。

然而，付费社交这套方法无论对初创企业还是行家里手都极其有效，导致人们难辨眼前的内容孰真孰假。

此外，信息传播彻底的民主化，导致没人能控制住信息的扩散。时至今日，社交媒体公司一直都在逃避监管平台关于虚假信息规定的责任。借用前一章中我们提到的一条概念：脸书和其他社交平台原本能够严格剔除虚假信息，但他们却没有这样做，部分原因恰恰归咎于巨大的道德风险。

这其中存在着利益冲突：社交媒体公司的估值依赖于用户数、关注者数和活跃度。因此，踢出用户、封禁虚假关注者、终止自动化脚本机器人[①]活动会剥夺利益相关者的财富。换言之，社交媒体公司的管理者们因受托于其股东而负有的责任，与管控、降低甚至消除虚假消息传播和虚假关注者激增

① 自动化脚本机器人（automated bot），指一类在互联网上运行的软件，该软件使用自动化脚本，完成人类短时间内难以完成的大量任务。——译者注

的责任背道而驰。

不怕一万，就怕万一

虽然利用社交媒体拓宽销路、提高销量已经成为惯常做法，但假如想要引人注意、获得关注并非出于商业利益呢？假如是恐怖组织或颠覆性政治团体在建立追随者、传播信息、构建自己的“品牌亲和力”呢？

图20-1展示了商业组织形成的销售漏斗，而同样有效的技巧却也可以用来实现更狡猾的阴谋，如图20-3所示。我们再引用一次Hubspot的标语：“集客营销是将陌生人……转化为倡导者的最佳方式。”这引发了新的问题：恐怖组织旗下集客营销、内容营销的销售漏斗又是什么样？颠覆分子也能构建漏斗吗？

社交媒体的三大特点，令其堪比制作简单、威力巨大的“路边炸弹”：

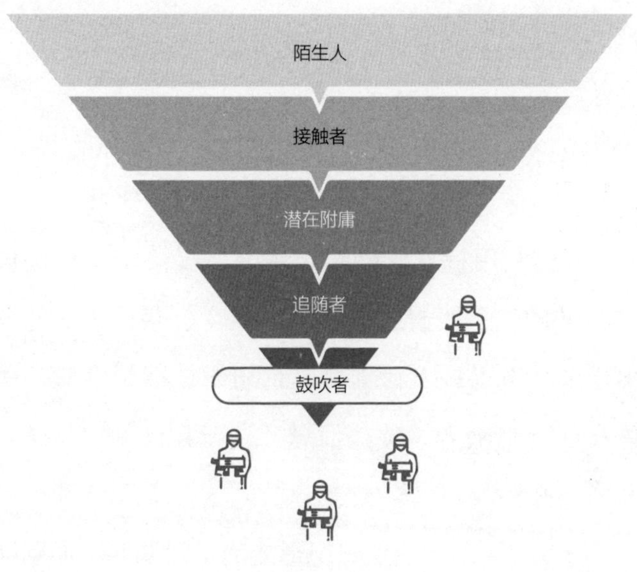

图20-3 漏斗

假新闻容易编造；

互联网就是搞营销的；

社交媒体成本低廉。

上述三大特点会导致假新闻对未来的威胁愈演愈烈。

第21章

假新闻的未来

未来，假新闻问题可能会极其严峻。由于社交媒体便捷、廉价、传播范围广，不法分子可以趁机滥用，而监管假新闻又会冲击社交媒体公司的利益，因此目前假新闻非常严重。

眼下，在社交和政治层面上，美国选举将愈发混乱。2016年美国总统大选和2018年中期选举结果不堪入目。之所以会有这样的结果，部分原因在于社交媒体设计的算法会让您在它们的平台上逗留更长时间。技术人员称之为“屏幕视觉停留”。但停留时间长，并不意味着您所感知到的都是令您开心、愉快的消息。

媒体工作者一直信奉“报道越血腥，读者越关注”的道理，意思是说：登上报纸、杂志、电视头条的，都是那些最惊悚的故事。他们希望博得大众眼球，让人深陷恐怖之中。社交媒体也是一样，如果它发现您更关注负面消息，那么您就会接收到更多刺激您负面感官的新闻。这也正是社交媒体被人指控宣扬恐慌情绪的原因之一。

深度造假技术

篡改图像视频，是假新闻带给我们最深的危险之一。这项技术名为深度换脸（deepfakes），它能制作出极为逼真，但实为伪造的视频。这种视频很可能会成为一类更流行，却也更邪恶的假新闻。在目前这个时代里至少还存在真相，只是我们知道的晚一些，而深度换脸只会让人相信根本不存在的真相。

接下来会发生什么

欧洲国家已经先行一步，出台《通用数据保护条例》GDPR（General Data Protection Regulation），通过立法约束社交媒体公司及其数据使用。而且，未来欧洲还会继续推进相关法律。受益于社交媒体的各种利好，大型科技企业一直处于一片极为自由放任的环境中，想做什么就做什么。但是，万事福祸相依。尽管制定相关法规可能或不能解决问题，但如果继续放任社交媒体现状不管，由于社交媒体易于受人摆布，这就一定会威胁到社会的自由与民主。接下来会发生什么，对全社会都至关重要。

第22章

数据分析的竞赛

假新闻带来的是政治方面的挑战，但这并非分析领域内世界级竞赛中的唯一一“战”。目前，有两大竞赛正在上演——既在政治上比拼分析处理能力，也在商业中比拼分析处理能力。

放眼全球，赢得量子计算竞赛是大国继续保持世界技术领先地位的重要前提。然而，如图22–1所示，美国正面临输掉比赛的风险。中国在量子计算领域的专利数量已经超过美国。

除量子计算外，实现真正的人工智能也是关键的突破点。和量子计算一样，在人工智能领域捷足先登的国家将获得巨大的优势。

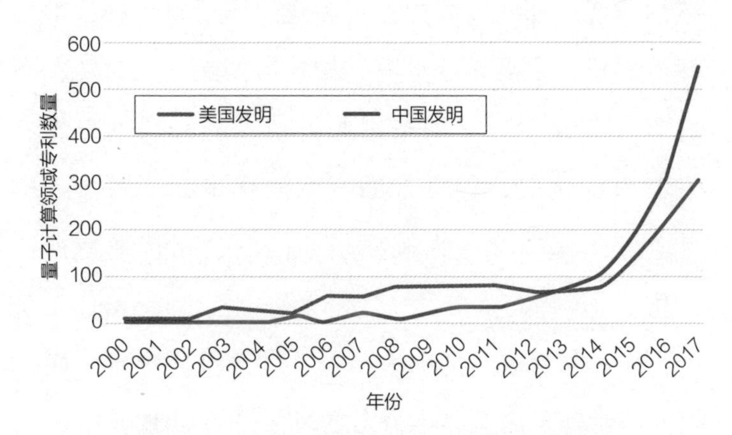

图22-1 中国和美国在量子计算领域的专利数量[①]

商业数据战

各国快马加鞭、夺取量子计算和人工智能领域重大技术进展的同时，各个公司之间也在进行着同

① 苏珊·德克和克里斯多夫·雅谢科著，“别再纠结于贸易战：中国意在赢得计算竞赛”，彭博社，2018年4月9日。

样的竞赛。那些有能力投资和建立属于自己的人工智能力量、发展量子计算、构建数据文化的公司，将会一骑绝尘。早期采用此类技术的公司拥有先发制人的优势，但良好的资本运作也必不可少。此外，未来的又一大挑战是如何令公司接纳数据文化。

财力最为雄厚的那些公司，优势极为突出，而这又将加速未来十年内公司之间合并的步伐。

新优势伙伴（NewVantage Partners，一家咨询公司）针对《财富》美国1000强企业开展大数据高管调查。调查显示，自2017年起，可变现价值最高的领域是缩减开支和寻找创新。如图22-2所示，我们也应当注意到，进展最慢的是利用数据驱动商业面向未来转型，而效果最差的当属建立数据驱动下的公司文化。总而言之，调查结果反映出建设数据文化很困难。

此外，在市场巨头们为统治地缘政治世界或商

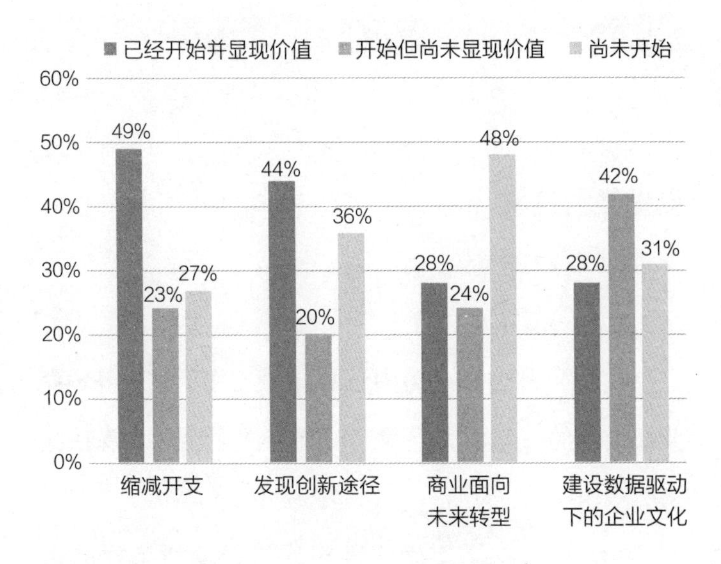

图22-2 创造数据文化颇具挑战性[①]

业世界的数据分析而一争高下之时，欠发达国家和那些资本能力难与巨头媲美的小公司们则面临着数据匮乏这一严峻挑战。

① NewVantage Partners2017年度大数据高管调查。

总结

勘破数据迷雾

感谢阅读本书。

本书开篇之时，我引用了军事战略家卡尔·冯·克劳塞维茨的一句话，但我当时并未注明出处。现在我来标明。

战争领域充满不确定性。战争行动所依据的情况当中，有四分之三仿佛置身于云雾之间，或多或少并不确定。因此，战争中首先要有敏锐的洞察力，还需要有判断和感知真相的技巧。[①]

之所以将本书题目定为《数据迷雾：洞察数据

① 此处引用及本书前言之前引用的德语和英语版本，均引自卡尔·冯·克劳塞维茨《战争论》（E-artnow 2014年出版）。英语版本由杰森·申克翻译。

的价值与内涵》以及引用这段话，就是因为与数据打交道也充满不确定性，我们能知道什么、真相又是什么都隐藏在数据背后。

数据越多不一定越能解释清楚问题，因为数据并不总是越多越好，而是越优质越好。直到您摸索出真相之前，都很难确定哪些才是正确的数据。

这就是与数据打交道的人的工作。有时候，这份工作就是反复试错，别无其他。正如我在第8章和第9章所述，有时您需要创造出属于自己的数据、找到穿过迷雾独有的方法，来拓展可知的边界，缩小不可确定的范围。

与此相关，有个重要的事实我们不可忽略，那就是虽然有些人非常看好所谓“大数据”现阶段所展现出的前景，但真相是许多分析连所需要的数据都尚不存在。因此，第一步实际需要我们去创造数据。

不知为何，我们似乎经常会忘记，在数据世界里，获得大数据之前总要先有些数据在手——或者至少也要有一点数据。我们也经常会忽视，必须坚持遵循系统的数据收集流程，确保三思而后行。

我们同样需要记住，无论分析做得多好，都必须和利益相关者顺畅沟通，这一点必不可少。我们要学会使用图片、画面，讲好故事。即使解释得过于简单也不必担心，因为您的目标是让听众理解您所做的工作、对数据的筛选、面临的困难以及分析的背后有哪些现实的含义。

如果想要确保每个人都能理解，那么解释得越朴素越简单越好。没人会责怪您解释得太清楚。实际上，很少有人在展示数据时会注意到这一点。

随着数据量的增长，驾驭数据、清洗数据、确保按照分析流程以及合理展示分析结果就变得更加复杂。一旦做得不到位，就会导致问题更加混乱。

可能的变数越多，将问题分解、使其易于理解就越难。同样，我们还会面临其他重大数据风险。

数据可能会被恶意滥用，当数据量大到难以想象时，统计里的圈套、欺瞒、偷奸耍滑、利益冲突也就越容易隐藏。

而且，我们也更加难以辨别哪些是用心险恶的虚假新闻，哪些才是真相。社交媒体、深度换脸、网红营销让人心烦意乱，严重威胁着数据分析，且威胁愈发严重。

展望数据之未来，创造技术价值、社会价值和商业价值大有可为，但风险也会加重。

致谢

我想感谢以各种方式帮助本书成型的每一个人。首先，我想感谢奈费勒·帕特尔（Nawfal Patel）以及每位未来主义学院远望经济的同事，是他们协助我完成了这本书。

此外，我还想感谢本书英文版的封面设计师克里·埃利斯（Kerry Ellis），他实现了我对本书封面的构想。我的想法是，封面要直观地传达出包括数据、技术、迷雾和冲突在内的所有概念，而我很开心最终实现了这个想法！

最后也是最重要的是，我要感谢我的家人，他们一直支持我完成这本书。我永远都要将最诚挚的谢意送给我亲爱的妻子——阿什莉·辛克（Ashley Schenker）和我的父亲母亲——杰弗里·辛克与珍妮特·辛克（Jeffery Schenker and Janet Schenker），他们是我的支柱。

我的家人们给我心灵上的慰藉和编撰中的反馈，这么多年来，他们通过无数种方式支持着我。

每当我创作一本书，都免不了影响到我的家庭生活。所以，我要对我的家人和所有在创作过程中帮助过我的人说一声：感谢你们！

最后，感谢您购买本书。

希望您能喜欢本书！

杰森・辛克